JN194282

The Chess Mysteries of the Arabian Knights
50 New Problems of Chess Detection

スマリヤンの
逆向き解析問題集

Raymond Smullyan◉著
川辺治之◉訳

共立出版

THE CHESS MYSTERIES OF ARABIAN KNIGHTS
By Raymond Smullyan

This translation published by arrangement with Alfred A. Knopf,
an imprint of The Knopf Doubleday Group,
a division of Penguin Random House,
LLC through The English Agency (Japan) Ltd.

Japanese language edition published by KYORITSU SHUPPAN CO., LTD.

目　次

目　次

第 III 部・アラビアン・ナイト・41

第 IV 部・宮殿での物語・71

目　次

問題の解き方

ありそうにないものを消していって，
残ったものが，たとえどんなにありそうでなくとも，
真実に違いない[訳注 1]

— シャーロック・ホームズ

本書の問題を楽しむためには熟練したチェス・プレーヤーである必要はない．必要なのは，駒をどのように動かすかという知識だけである[訳注 2]．（次が白の手番で，何手かで詰めるという）通常のチェス・プロブレムとは異なり，（付録にあるいくつかのものを除いて）これらはチェス論理の問題である．（専門用語では「逆向き解析（レトロ）」という．）これらは，本書と対になる『シャーロック・ホームズのチェスミステリー』にある問題と同じように，与えられたゲームの未来ではなく**過去**の経緯に関する問題である．たとえば，局面が与えられたときに，あるマスに駒が置かれていることは分かるが，**その駒が何であるかは分からない**．このとき，その何かは分からない駒の色や種類を決定することが求められる．あるいは，また，2 個の白のクイーンが盤上にあるような局面が与えられたとき，問題は，どちらが元からあったクイーンで，どちらが昇格したクイーンであるかを「後ろ向き

[訳注 1] 邦訳は小林司/東山あかね共訳『シャーロック・ホームズ全集 2』（河出書房新社，1998）による．
[訳注 2] チェスの基本的な規則については邦訳付録を参照のこと．

に推論」して明らかにすることである！ さまざまな興味深い問題を逆向き解析として出題できるというのはきわめて驚くべきことであり，通常のチェス問題にはあまり関心のない多くの人々がこの種の問題に魅了されている．

ここにいくつかの例をあげよう．

まず，本書のすべての問題では，文字と数字によってマスに名前をつける．たとえば，このページの局面では，白のキングはd1にあり，黒のキングはf2，白のルークはh1，白のビショップはc1，そして4個

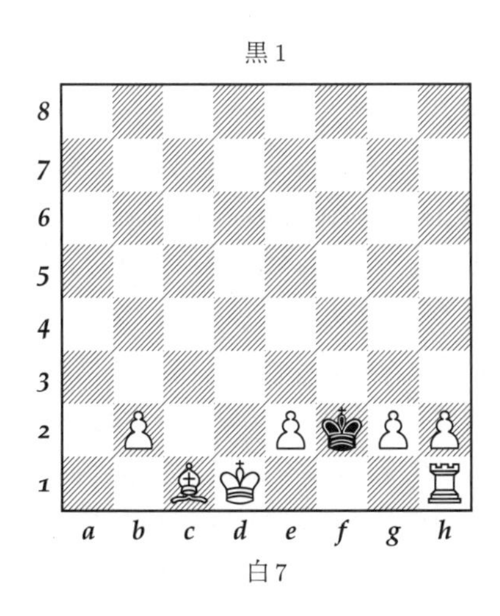

の白のポーンがb2, e2, g2, h2にある．

では，この局面を考えてみよう．次は白の手番であることが分かっている．このとき，このゲームでポーンが昇格したことはあるだろうか？ それが問題である．

一見すると，この答えを求めるのは絶望的に思えるかもしれない．この局面にどんな手がかりがあるのだろう？

答えは次のとおりである．次は白の手番であることが分かっている

ので，最後に動いたのは黒の駒ということになる．あきらかに，それはキングである．なぜなら，キングが盤上にあるただ一つの黒の駒だからである．

黒のキングはどのマスから動いたのだろうか？ それは g3 からではない．なぜなら，g3 には h2 のポーンが利いていて，そのポーンは最初からその位置にあったからである．もし黒のキングが g3 から動いたのならば，黒のキングは自ら王手をかけられるように動いたことになるが，それはありえない．同様にして，（e2 にあるポーンのことはさておき）g2 にポーンがあるので，黒のキングは f3 から動いたのでもない．それでは，黒のキングは e3 から動いたのだろうか？ いや，それもない．そうだとすると，黒のキングは c1 にあるビショップの王手から逃れるように動いたことになるが，（b2 にポーンがあるので）このビショップは d2 から動いたのでなければならない．すると，このビショップは動く前から黒のキングに王手をかけていたことになるが，それはありえない．そして，黒のキングは e1 から動くこともできなかったであろう．なぜなら，2 個のキングがこれほど近くに位置することは規則に反する（最後に動いたほうのキングは王手がかかるように動いたことになる）からである．それゆえ黒のキングは，h1 にあるルークからの王手を逃れるために，f1 か g1 から動いたばかりでなければならない．しかし，これには問題がある．白はどのようにして，この王手をかけることができたのだろうか？

ここまでで，この局面が起こりえないと思えるならば，少しヒントを出そう．たしかに黒のキングが g1 から動いたばかりであることはない．しかし，f1 から動くことは不可能ではない．（実際には，すぐに分かるように，黒のキングはそう動いたのでなければならない！）まだ戸惑っているようなら，さらにヒントを出そう．黒のキングは f1 から f2 に動くことによって，f2 にある白の駒を取ることができなかっただろうか？ それでは，1 手戻って，黒のキングを f1 に置いてみよう．このとき，この局面が可能であるようにf2に白の何らかの駒を置くことができないだろうか？ そう，白のビショップならば置けるのである！ このビショップはg1から動くことで，ルークによる開き王手[訳注3]をかけたばかりで，黒のキングはf2のビショップを取ったのである．これが，この局面を生じさせるただ一つの方法である！

このようにして，最後の手の直前には，f2に白のビショップがあったことを証明した．すると，f2は黒いマスであり，黒いマスc1にも白のビショップがあるので，それら2個のビショップのうちの一方は，ゲームのこれより前の段階でポーンから昇格したものでなければならない．したがって，この問題の問いに対する答えは**YES**である．

つぎに，この問題の変形を考えてみよう．e2から白のポーンを取り除く．このとき，最後の手を指したのは黒であるが，その手はマスf1から動いたのでは**なかった**ことが与えられている！ それでは，その最後の手は何だろうか？

答えは，f2にあった白のルークを取るために，黒のキングがe3から動いたというものである．その直前には，白のルークがビショップで開き王手をかけるためにd2から動いた．

すべての逆向き解析問題が最後の手を検討することによって解かれるわけではない．次のページに示した局面を例にとろう．

これよりも前に黒のビショップの一つが白の駒を取ったことが与えられている．そのビショップは，今e5にあるビショップだろうか，それとも，今g4にあるビショップだろうか？

今度の場合，もっともわかりやすい事実は，c3にある白のポーンは，d2から来てc3にある黒の駒を取ったということである．この取られた駒はルークである．（ルークは，盤上にないただ一つの黒の駒

[訳注3] 相手のキングのいるマスに利くことを妨げている（自分の）駒を動かすことによって，王手をかける手のこと．

である.）そして，黒のポーンの並び方から，この黒のルークは，黒のポーンがg7からh6にある白の駒を取ったあとでなければ，外に出ていく[訳注4]ことはできなかっただろう．この取られた白の駒は，c1を出発し今は盤上にない白のビショップではありえない．なぜなら，そのビショップがh6で取られる前に，c3での捕獲が起きることはないからである．したがって，c3にあるポーンはまだd2にあって，その結果として，今盤上にない白のビショップはその元あったマスであるc1に閉じ込められたままであった．それゆえ，h6で取られたのは，

黒 15

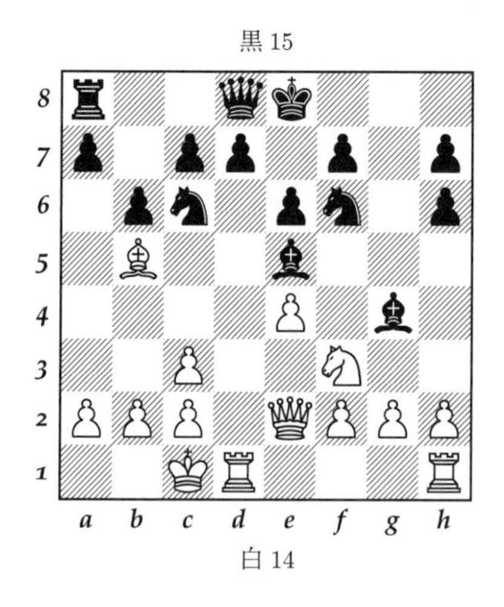

白 14

今盤上にない白のナイトである．言い換えると，時系列は次のようになる．まず，黒のポーンがg7からh6にある白のナイトを取る．それから，黒のルークがg7を経由して外に出てc3で取られた．そして，

[訳注4] 当初はほかの駒があるために限られたマスにしか動くことのできなかった駒（この問題では黒のルーク）が，ほかの駒（この問題では黒のポーン）の移動によって，想定するマスや広い範囲のマスに駒を進める（進められる）ことを「外に出る（出られる）」と表現している．

それから，白のビショップが外に出て黒のビショップに取られた．この黒のビショップは，もちろん，今e5にあるビショップである．（なぜなら，g4にあるビショップは白いマスにしか移動できないからである．）したがって，このゲームでここまでに白の駒を取ったのはe5にあるビショップだというのが答えである．

これらの問題は，少し探偵小説のようでもあり，正しい「手がかり」を見つけて解かなければならない．私のお気に入りの種類の逆向き解析問題は，一見すると不可能に見える局面が与えられるが，最終的に

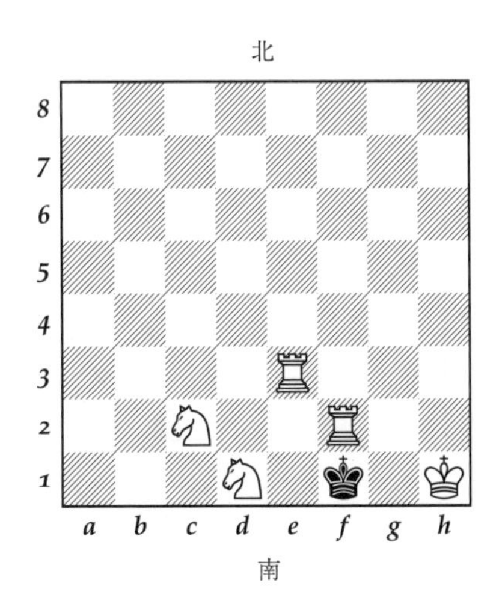

はそれは可能であることが分かるというような問題である．次の例題は，どことなくエドガー・アラン・ポーを連想させる．

この局面では，盤のどちら側が白でどちら側が黒であるかは分かっていないが，最後の手ではどちらの駒も取られなかったことが分かっている．問題は，この盤の北と南のどちら側が白であるかを決定することである．（東側や西側が白になることはない．なぜなら，チェスの規則では，右下の隅は白いマスでなければならないからである．）

ここで難題に突き当たる．白が指した最後の手は，あきらかに今 f2 にあるルークである．そのルークはどこから動いたのだろうか？ ルークがf列のどれかのマス（たとえばf3）から動いたのだとすると，もちろん，最後の手でf2にあった黒の駒を取ったのでなければ，その手の前に王手をかけていたことになる．しかしながら，最後の手で駒は取られていないことが分かっているので，このルークはf列のどのマスからも移動することはできない．これは，このルークが4個のマス h2, g2, e2, d2 の一つから動いてきたことを意味する．そして，厄

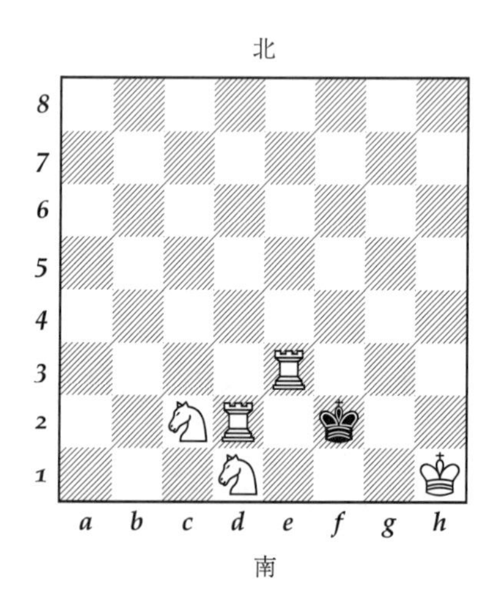

介なのはここからだ．ルークがこの4個のマスのいずれから動いたかにかかわらず，その直前に可能な黒の手は何であっただろうか？ 黒のキングがe1から動いた可能性はない．なぜなら，そのキングは，e3にあるルークとc2にあるナイトからの王手を逃れてきたことになる（このルークとナイトの一方が王手を指したとしたら，もう一方の駒によってすでに王手がかかっていることになる！）からである．また，黒のキングはe2から動いたのでもない．なぜなら，黒のキング

は，2 個のルークから同時に王手をかけられていたことになるからである．そして，もちろん（h1 に白のキングがあるので）黒のキングは g1 や g2 から動いたのでもない．これで残されたマスは f2 だけであるが，どうすれば白は d1 のナイトとそのとき h2, g2, e2, d2 のいずれかにあったルークの両方から f2 にいる黒のキングに王手をかけることが可能だったのだろうか？ すると，白のルークがどのマスから動いたとしても，この局面はけっして起こりえないように思える．

だが，ここでヒントを出そう．ルークは，d2 から動いたところである．これで何らかの助けになっただろうか？ それでもヒントが足りないのなら，その直前の黒の手は f2 からの移動であり，したがって最後の 2 手前の局面は上にあげたものであったとも言っておこう．

この時点では，黒は d2 にあるルークと d1 にあるナイトから同時に王手をかけられている．この「二重」王手は，本当に不可能なのか？

いや，そうではない．唯一の可能性は，盤の北側が白であり，白は e2 にあったポーンで d1 にあった黒の駒を取りナイトに昇格して黒に王手をかけたというものだ！ いかに起こりそうにないことであっても，これがその局面を生じうるただ一つの方法である．これは，シャーロック・ホームズの次の言葉を思い起こさせる．「ありそうにないものを消していって，残ったものが，**たとえどんなにありそうでなくとも**，真実に違いない[訳注 5]．」それゆえ，盤の北側が白でなければならない．

* * * *

これで逆向き解析がどういうものかを理解したところで，これらの問題を理解するために必要なのは主に論理的に推論する能力であることはもうお分かりだろう．もちろん，読者はチェスの規則全般に精

[訳注 5] 前掲書.

通しているものと仮定する．逆向き解析において，入城，ポーンの昇格，そして，**アンパサン**によるポーンの捕獲に関する規則はとくに顕著な役割を演じる．初心者にとって，最初の何問かを自力で解ける望みは薄く，巻末の解答に頼らなければならないことが多いだろう．しかし，驚くほどあっという間にコツが掴めるようになる．そして，本書を読み終えたときには，それまでに見た問題を振り返ると朝飯前に思えるだろう．

登場人物

ハールーン・アッラシード	白のキング ♔
アメリア	白のクイーン ♕
カジール	黒のキング ♚
メディーア	黒のクイーン ♛
オラフ	白のナイト ♘
バラブ	黒のポーン ♟
ゲーリー	白のポーン ♙
宰相アーチバルド	白のキング側のビショップ ♗

……そして，幽霊，魔神，魔法使い，魔術師，哲学者，動物，商人，世捨て人，魔法にかかった岩，その他大勢．

第Ｉ部

ハールーン・アッラシードの治世

1

ハールーン・アッラシードはどこにいる？

信仰厚き者たちの統治者ハールーン・アッラシードは，世界中の魔術師から秘伝の魔法を数多く集めていた．彼のお気に入りの魔法の一

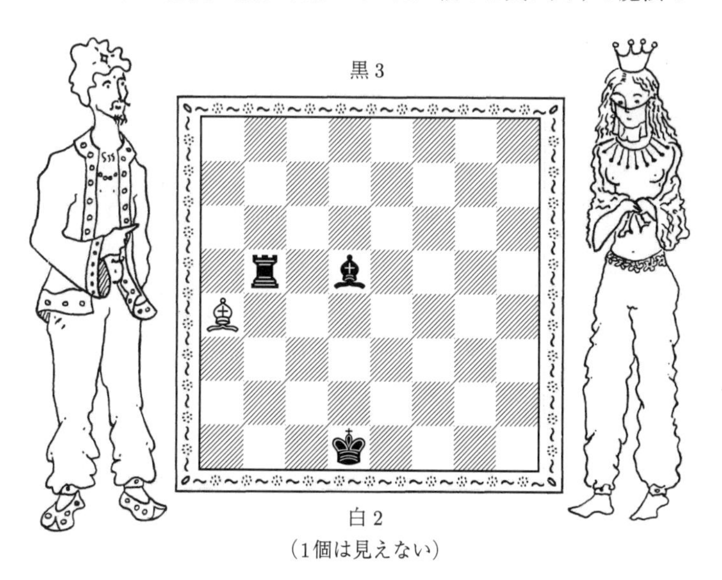

つは中国の魔術師（その名前は残念ながら思い出せない！）から学んだものである．それは，姿眩ましの術であった．魔法をかけられたチェス王国の 64 個のマスのどこにハールーンがいても，誰も彼を見ることはできない．それは単にハールーンが見えなくなっているからである．

さて，ハールーンはどのマスにいるだろうか？

2

見えないけれども無敵ではない！

今や黒の王カジールも姿を消せるようになった．重要な戦いの最中であり，カジールが見られないことを憂慮しているものの，ハールー

黒 2
（1個は見えない）

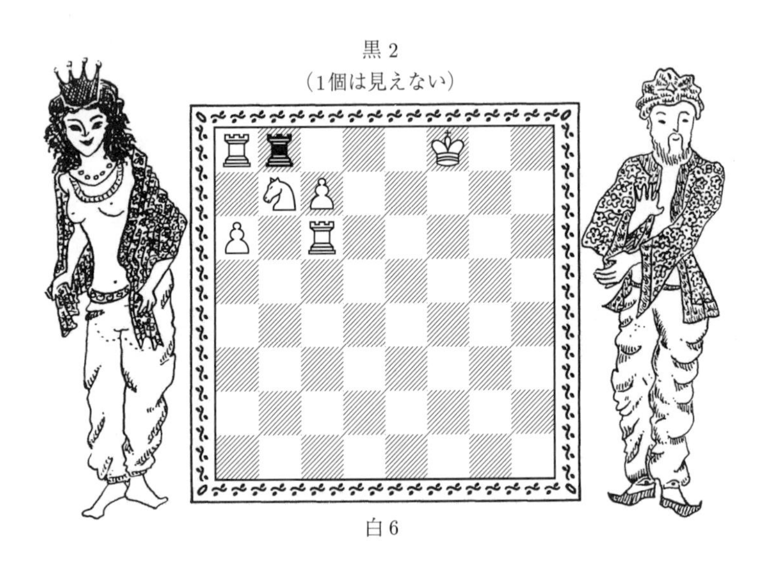

白 6

ンは素晴らしい推論能力を使って，あたかもすべてが見えているかのように寸分の違いもなく黒のキングを詰めることができる．それも，たった1手で！

その1手はどのようなものだろうか？

3

変装したハールーン

よく知られたように，信仰厚き者たちの統治者ハールーンは，しばしば夜に変装して民衆の中に紛れ込み，宮殿で起こったことに対する

黒

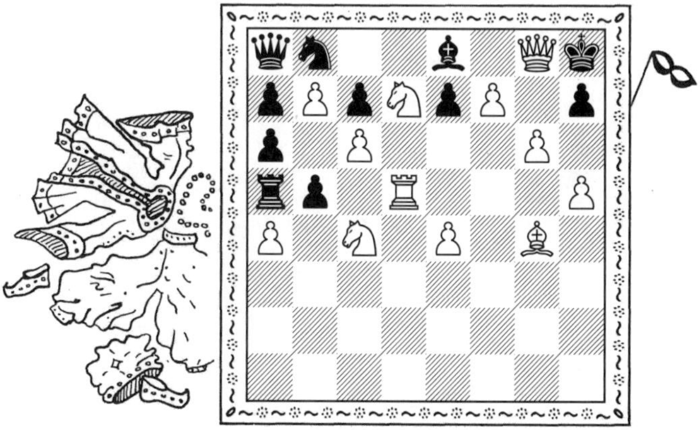

白

民衆の反応に耳をそばだてていた．この局面では，ハールーンはほかの駒に変装している．それは士官（キングとポーン以外の駒）かもしれないし，ポーンかもしれない．また，白の駒かもしれないし，黒の駒かもしれない．ハールーンはどの駒に変装しているだろうか？

* * * *

その夜，ハールーンは驚くべきことをいくつも知った．誰も彼が王

だとは分からないので，臣民は信仰厚き者たちの統治者自身に聞かれているとは露にも思わず，自由に話をしていた．彼らはさまざまなことを話していた．多くの者は日々の生活にまつわる問題や政治の話をしていた．ある者は物事の定めや究極の実在について語り，またある者は魔術や超自然現象について語った．しかし，ハールーンの関心は，おもに宮殿での出来事に対する人々の反応であった．幸運なことに，その夜は誰しもお祭り気分で，ハールーンについて

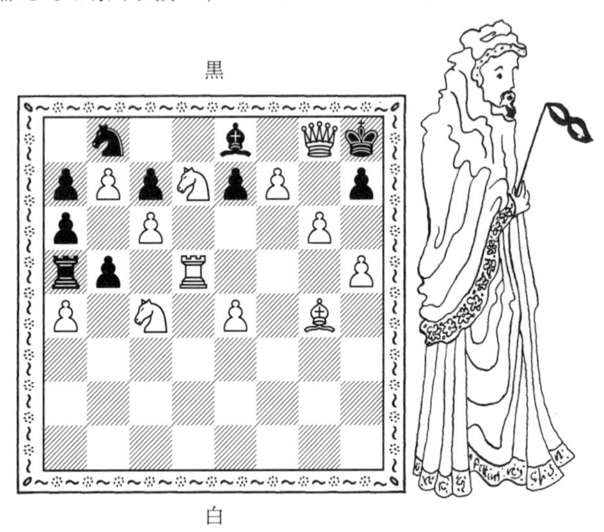

いいことしか言わなかった．

ハールーンはけっして，褒めそやされることを嫌うような性格ではなかった．実際，この外出はとことん楽しかったので，次の夜も彼自身についてもっといいことが言われているのを聞きに再び変装して街に出ようと考えた．ただし，この2日目の夜は1日目とは異なる衣装に身を包んだ．さて，ハールーンはどのマスにいるだろうか？

4

魔法をかけられた岩の物語

ある日，ハールーンは魔法のチェスの森を散策していた．その日は暖かく眠気を誘う陽気だったので，g4 のマスに来たときに一休みす

黒

白

ることにした．ハールーンは木にもたれかかり，近くの岩に足を乗せて座った．すると，驚いたことに岩から声が聞こえてきた．「すみませんが，それは迷惑です」

ハールーンはびっくり仰天して立ち上がった．「お前が話しているのか？」ハールーンは岩に尋ねた．「その通りです」と信じがたい答えが返ってきた．

「お前は誰だ？」とハールーンは尋ねた．

「それは言えません」と岩は答えた．「それを言うと，その場で二人とも死んでしまいます」

「どうしたらそんなことになるのだ？」とハールーンは尋ねた．

「話せばそれはひどい話です．何百年か前に，私は巧妙な手を指し，邪悪なチェスの精霊を怒らせてしまいました．精霊は腹立ち紛れに私を岩に変え，こう言いました．『誰かがやってきてお前の正体を言い当てるまで，永遠にこの状態でいるがよい．見当違いの答えをしたら，**そいつ**は即座に死ぬ．そして，お前の正体をそいつにばらしたら，**二人とも**死ぬ．』私が明かすことのできるのは，私が変身したときは黒の手番であり，魔法のチェスの森は現在とまったく同じであったということだけです」

ハールーンは**推測**に命を賭けるつもりはなかったが，見事な推理力によってすぐに岩の正体を**知る**ことができた．

それでは，読者のみなさん，問題はこうだ．g4にある正体不明の駒の色と種類は何だろうか？ そして，この状況から，二つめの興味深い問題が生じる．黒は入城できるだろうか？

5

森に潜む城郭

チェスの森に隠されているのは，白く輝く不思議な魔法のルークである．木の葉がわずかしかない冬には，

黒 13

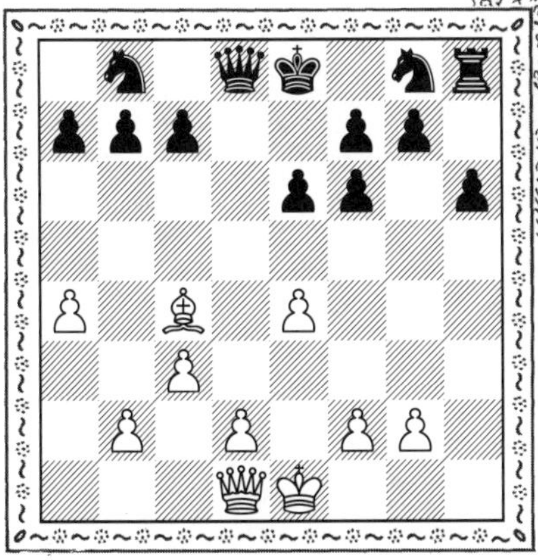

白 11
(1 個は見えない)

たやすく見つけることができる．しかし，今は夏で深い枝葉に隠されているために見ることができない．ただし，そこにルークがあることは請け合おう！

そのルークを見つけるためには，このゲームの経過に関する次の事実を知らなければならない．いずれのキングもクイーンも動いたことはなく，またそれらに相手の駒が利いたこともないのである．

さて，魔法をかけられた白のルークはどこにあるだろうか？

6

命運を分ける決断

ある夜，宮殿で退屈したとき，ハールーンは集まった来客に話をして彼らを楽しませていた．ハールーンが語ったのは，ペルシャとヒンドゥーの大

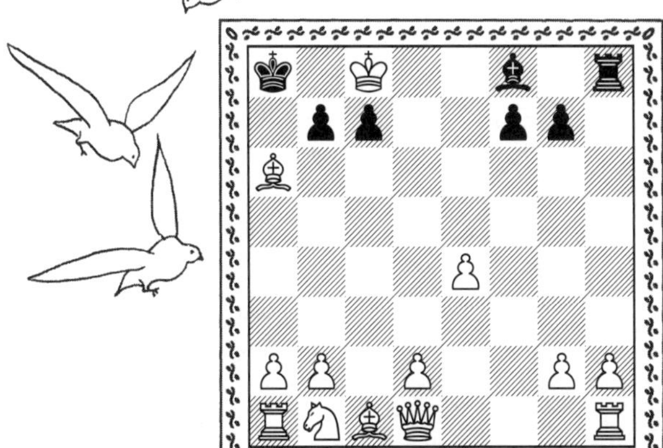

きな交戦であったサラカの戦いでチェスが軍事目的のために使われたという，次のような言い伝えである．

ペルシャ軍は，小さいが重要な部隊が仲間から分断され，援軍が到着しなければ全滅することが確実であった．しかしながら，援軍を送ることには大きなリスクもあり，援軍を送るとしたら，けっしてそれを敵に知られてはならなかった．ペルシャ軍の指揮官は，援軍を送るかどうかを暗号文で送り返すように指示したスパイを孤立した部隊に

送り込んだ．

スパイは命じられたように行動し，部隊に到着すると援軍を送るべきかどうかについてすぐさま判断を下した．彼は3羽の伝書鳩を放ち，それぞれに別個の通信文を運ばせた．その通信文はいずれもほかの二つがなければ理解できないものであるが，三つを合わせると援軍を送るべきかどうかについての明確な指示になる．この方法を使うと，もちろん3羽の鳩がすべて敵の手に落ちないかぎりは，指示が敵に知られる心配はない．

それはきわめてありそうもないことであったが，運命の定めか，3羽の鳩はすべて敵の手に落ち，通信文が簡単に解読されるかどうかが命運を左右することになった．

1羽目の鳩は，解読すると次のように読める通信文を携えていた．

白 — NO
黒 — YES

2羽目の鳩は，前ページの局面図を携えていた．

3羽目の鳩は，解読すると次のように読めるメモを携えていた．

最後の手を指したのはどちらか？

さて，その答えは？

7

埋められた城郭の謎

「私の二つのルークはどこだ？」ある日，ハールーンは宰相に尋ねた．

黒 13

白 12

「二つともがあなたのものではありませんよ」と宰相は無遠慮に答えた．「一方のルークはハールーン・アッラシード夫人のものですよね」

「そうだとしても」とハールーンは答えた．「その二つがどこにあるか知りたいのだ」

「二つの白のルークのことをおっしゃっているのだとしたら，いずれもこのゲームでは取られて，それぞれが取られたマスに埋められました」

「なんとひどいことを！」とハールーンは言った．「私の貴重な宝，たとえばこの手稿がそこにあるというのに！ すぐにルークを掘り起こさねばならん！」

「掘り起こすには64個のマスは多すぎます，陛下！」

「ああ，まったくだ．どのマスで取られたか思い出せんのか？」

「ええ」と宰相は答えた．「誰も憶えておりません．記録に残っているのは，その二つのルークは同じ段で取られたということだけです」

「大した助けにならんな．」苛立ったハールーンは答えた．

「ええ」と宰相は言った．

「さすれば，なんとかせよ！」ハールーンは怒鳴った．

宰相には何ができただろうか？ 宰相は史官に助言を求めた．史官は白のルークが埋められた場所を知らなかったものの，黒のクイーン側のルークがポーンに取られたことを憶えていた．

「その情報は役に立ちそうだ」とハールーンは言った．「そして，間違っていなければ，お前はこのゲームに参加しなかったのを憶えておるぞ．どうだ？」

「そのとおりです，陛下．私はこのゲームに参加しておりません．私は戦いが始まる日に病を患い，戦いの場から去らなければなりませんでした．ビショップ一つをいわゆる駒落ちして戦いは始まったのです」

「病気だか不精だか分からんがな？」とハールーンは怒鳴った．

「病気でございます」と宰相は答えた．

「今さら，言い逃れをするな．もっと大きな問題に直面しているのだ．私のルークを見つけ出さねばならん！」

「白のルークでございますね」と宰相は訂正した．

「うるさい，黙っておれ！ 考えてみよう．私の二つのルークが同じ段で取られ，黒のクイーン側のルークはポーンに取られ，白はキング側のビショップを駒落ちしていた．駄目だ，この問題は解けぬ！」

しかしながら，ちょうどその時，黒が入城しようとしているという知らせが飛び込んできた．「神の思し召しか」とハールーンは叫んだ．「謎は解けた！　これで私の宝を見つけることができる！」

二つのルークはどのマスに埋められているのだろうか？

8

城郭争奪戦

a5 のマスには素晴らしい宝物で満たされた貴重なルークが建っていた．しかし，そのルークは非常に古かった

黒 13 か 14

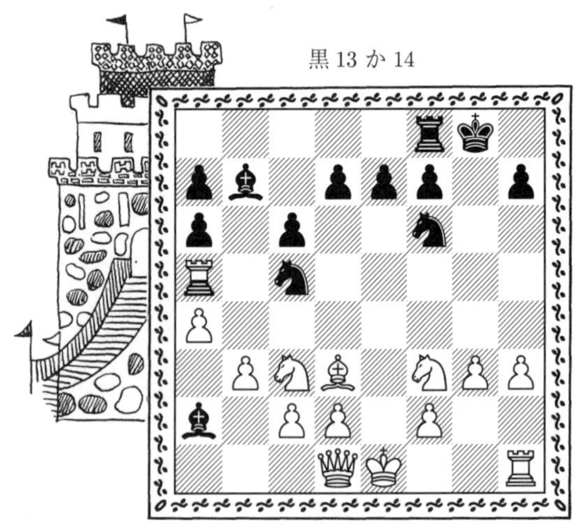

白 13 か 14

ので，その城壁の石の多くが別の色の石で置き換えられて，半分白く半分黒かった．両軍は，その宝物ゆえにそのルークが自分のものであると主張した．

ここで，盤上には昇格した白の駒はなく，黒はちょうど入城したところであることが分かっている．この奪い合いになっているルークは，本当はどちらの駒だろうか？

9

黒い城郭の謎

魔法のチェスの森の中央付近には，不機嫌そうでゾッとするようなひどい外見をした黒のルークが建っ

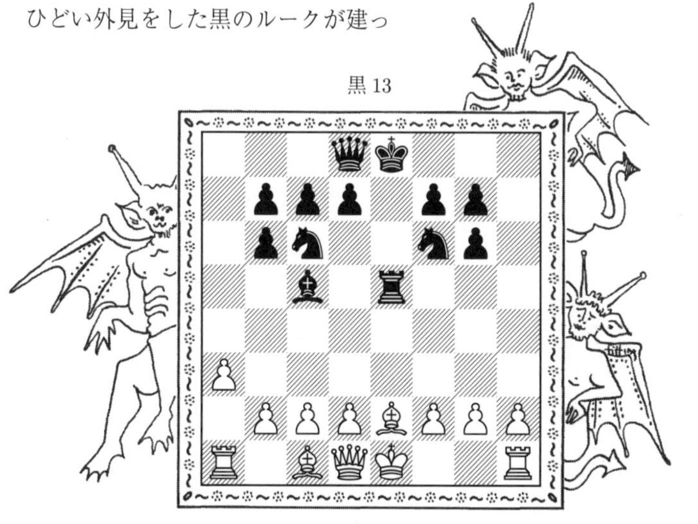

ていた．そして，その**外側**が黒く邪悪にみえるなら，その**内側**をみなければならない！ そして，その内側が不快で不潔で腐敗しているようにみ**える**なら，その内側で何が**起こっている**かを知らねばならない！ その内側で何が起こっているかを聞きたいか？ いいだろう，その内側で何が起こっているかを教えよう！ もっとも不快で不潔で有害で邪悪な行い，それがその内側で起こっていることだ．簡単にいえば，このルークは黒い悪の巣窟である．そして，この悪行は止めるべ

きである！　このルークの持ち主は，このルークが起こすことすべてに責任があり，法の裁きを受けなければならない．

白は1個のナイトを駒落ちしてゲームを始め，いずれのキングもクイーンも動いたことはない．この黒のルークは黒のキング側のルークか，それとも黒のクイーン側のルークか？

10

ベールに包まれた女王の物語

全身をベールに包まれた美しく謎めいたクイーンがh5のマスに立っていた．肌の端々まで覆われていてクイーンの色は分からなかっ

たが，どちらの王も彼女のきわめて挑発的な姿に激しく興奮し，断固として彼女を自分のものだと主張した．実際には，アラブの歴史にお

いてもっとも残忍な戦いがこの5年間収まることなく，二人の王はこのような正気とはいえない自暴自棄状態になっていたのである！ そして，残念なことに，強い欲望は物質的な征服を望むことよりも奇妙な戦闘行為をもたらしていた．日々，何十万もの兵が互いを生きたまま食べ，穏健な西洋の読者には言うことさえはばかられるような残虐行為を働いていたのだ．その傍らでクイーンは遠慮がちに立ち，真の正体についてけっしてほのめかすこともなかった．もちろん，クイーンのベールを無理やり剥ぐこともできただろうが，それはアラブの習わしに完全に反することになっただろう．

5年に及ぶ忌まわしい蛮行のあと，ある日，調停人が現地に到着した．調停人は二人の王にこう言った．「おのおのがた，理性的になられよ！」たちどころに戦いは止んだ．両軍は調停案を聞くために集まってきた．調停人はこう言った．「ベールに包まれたクイーンは，昇格したのではなく最初からいるとお見受けするが？」

「もちろんだ」と二人の王が答えた．「昇格したクイーンにこれほど大騒ぎをしようと考えたりするものか」

「いいでしょう」と調停人は答えた．「それでは，このゲームについてほかに記録されている事実はありますか」

誰もが憶えているのは，2個以上の駒を取ったポーンはないという情報だけであった．

「なるほど！」と調停人は言って，しばらく考えた．突然，調停人の朗らかな顔に晴れやかな笑みが浮かんだ．そして，調停人は言った．「では，重要な質問です！ 盤上にないクイーンは，最初の位置と同じ列で取られたのでしょうか，それとも異なる列で取られたのでしょうか？」

「それがどれほど重要だというのか？」二人の王は同時に尋ねた．

その答えは，「何にもまして」というふざけたものであった．

この調停人が正しいことを証明せよ.

* * * *

解答で説明するように，この調停人がたしかに正しかった！ ベールに包まれたクイーンの色は，もう一方のクイーンが最初の位置と同じ列で取られたかどうかに全面的に依存している.

運命の定めか，盤上にないクイーンが最初の位置と同じ列で取られたかどうかを**思い出せる**者はいなかった．その結果，戦いはすぐに再開し，もちろんその後やめていなければ，今日の今日まで続いている.

第 II 部

宝物の物語

11

盗まれた宝物の物語

「またしても私の宝物が盗まれた！」ある日，怒り狂ったハールーンが叫んだ.「私は戦いのまっただ中にいるというのに，私から盗むことがなぜそれほどまでに面白いのだ？」

宰相は笑った.

「おい」とハールーンは応じた.「笑い事ではないぞ！」

「たくさんもっていかれたのですか？ 陛下.」深刻な面持ちを装った宰相が尋ねた.

「いや，取るに足らんほどだ．だが，いまいましい，これは原理原則の問題だ！ 思いついたからといって我が民に宝物を自由勝手にもっていかせるわけにはいかぬ！」

「もちろんです，陛下．それでは，本題に入りましょう．犯人が誰か心当たりはございますか？」

「いかにも．何週間かの間，私はスパイの一人にこの件を捜査させていた．そして，この不届き者が元はf2にあった白のポーンであることをスパイは証明し，それに疑念をはさむ余地はなかった．偶然にも，そのポーンはお前自身の従者だ！」

宰相は目に見えて赤面し，こう言った.「陛下，私がそのことに何らかの関わりがあるとお考えではないでしょうね！」

「それはない」とハールーンは笑った.「こんなわずかな盗難でお前を責めるようなバカなことはせぬ！」

この言葉を無視して，宰相は尋ねた.「なぜ，そのポーンを捕らえて裁判にかけないのですか？」

「そこが悩ましいところなのだ！」とハールーンは大声で言った.

「そのポーンがどこにいるのかよくわからんのだ！ g3にいるポーンが疑わしく見えるが，そのポーンがf2から来たポーンなのかh2から来たポーンなのか分かりそうもないのだ．尋問すると，h2から来たポーンだと言い張っておる．それがやつの狡猾さなのか？」

「無実ならば単に本当のことを言っているだけです．まず，戦場の図を描いていただけますか？ そうすれば，g3のポーンが有罪かどう

黒 10

白 11

かを解き明かせるか見てみましょう．」そこで，信仰厚き者たちの支配者は律儀に次のような局面の略図を描いた．

少しの間考え込んだあと，宰相は言った．「陛下はどうかされている！ g3のポーンが有罪かどうかは苦もなく分かります！ 今夜，彼を裁判にかけて，陛下の納得のいくよう彼が無実なのか有罪なのかを私が証明しましょう」

g3のポーンは有罪か，それとも無実か？

12

盗まれた宝物 II

こうして前問で盗みを働いた本当の不届き者は逃走し，黒の軍にもその盗みの知らせが届いた．b7から出発したポーンであるバラブは，

黒 15

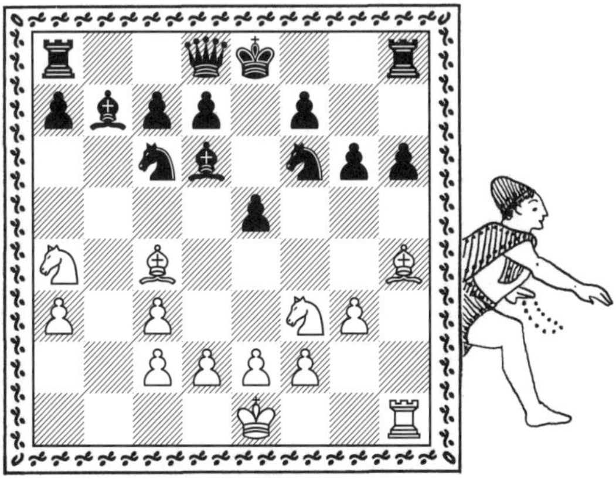

白 13

この噂を耳にして考えた．「そのポーンが盗みを働いておとがめなしなら，同じことができぬわけがない．」そこでバラブは，白の最下段にまで行って永遠に身元を隠すという計画を立てて，黒の宝物庫からわずかばかりを盗んで逃走した．

これを聞いたとき，カジールは怒り狂った．カジールはこの局面を知っていたが，バラブが実際にどのマスで昇格したのか，あるいは，その途中で取られたのかは分からなかった．突然，名案が閃いた．カ

ジールは白に停戦をもちかけ，即座に「入城できるか？」とハールーンに問い合わせた．ハールーンはすぐに「できる」という答えを返してきた．カジールは胸を撫で下ろした．この情報が決定的な手がかりになった！ カジールはバラブが昇格したかどうか，そして昇格したのであれば姿を変えて盤上にまだいるかどうかを導き出すことができた．カジールの分析は，アラビアン・ナイト全編の中でもっとも深く考えられたものだろう．さて，その答えは？

13

盗まれた宝物 III

前回の話のカジールによるバラブの動きの分析と同じくらいはっきりしているのは，バラブがどの黒の駒に昇格したのかを突き止めるだ

黒 15

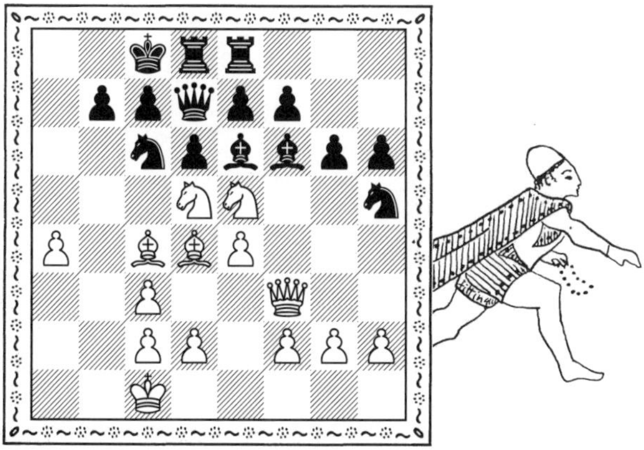

白 14

けの力はカジールになかったということだ．その結果，バラブは裁きを逃れた．今回の話では，そこまで運はよくはない．

新たな戦いが始まった．今回，バラブは a7 を出発して宝物を盗んだあと，昇格によって正体を隠しおおせると期待して白の最下段にまで突き進むという前回と同じ手口を試みた．今度は，バラブが白の 2 段目から最下段へ移るのをカジールのスパイが実際に見ていたので，バラブは昇格したことが分かっている．また，このスパイは，いずれ

のキングも 1 回しか動いていないと報告している．カジールにとって，昇格した黒の駒のうちどれがバラブであるかをこの情報から突き止めることはきわめてたやすかった．どの駒がバラブだろうか？

14

盗まれた宝物 IV

バラブが逃亡に失敗したことを聞いた白のポーンであるゲーリーは，自分ならその仕事をもっとうまくやれると確信した．そこでゲー

黒 14

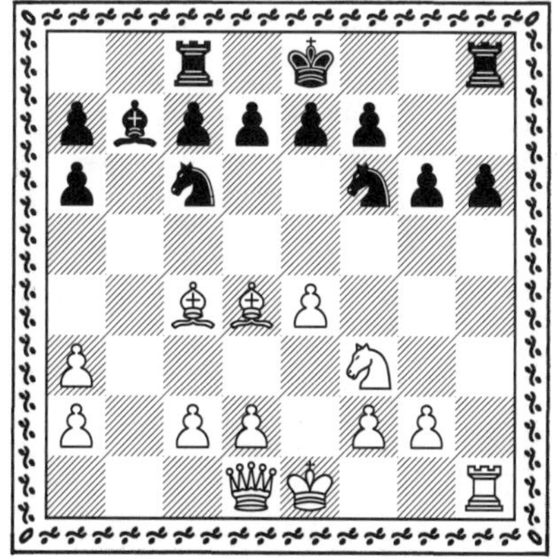

白 13

リーは，ハールーンの宝物を持ち去ると最上段にまで駆け上がり昇格した．しかしゲーリーにとって不運なことに，7段目と最上段を隔てる川を泳いで渡るところを見られてしまった．また，黒のクイーンは

最初の位置と同じ段で取られ，白のクイーン側のルークは最初の位置と同じ列で取られ，いずれのキングも動いたことがなく，黒は入城できることが分かっている．ゲーリーを見つけるには，これらの事実で十分である．ゲーリーはどこにいるだろうか？

15

狡猾なビショップ 第1話

ある日，ハールーンは，宝物庫から莫大な宝物が消えているのを見つけた．「なんと！」とハールーンは叫んだ．「これほど大量に盗み出

黒 13

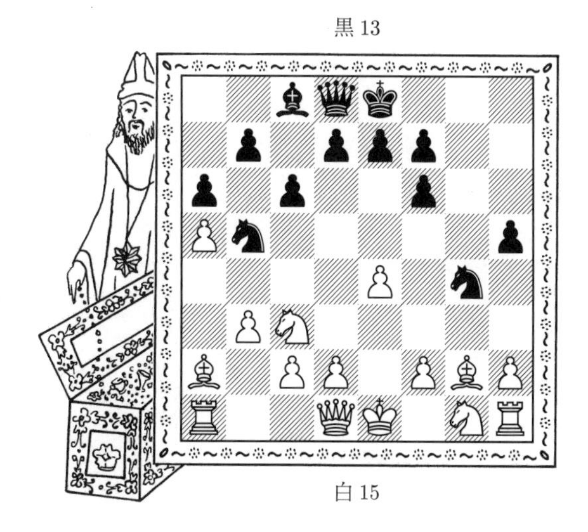

白 15

すことができるのは，我がビショップをおいてありえない！ 預言者のあごひげに誓って，1 時間以内にやつを捕まえてやる！ それっ！衛兵隊長！」

衛兵隊長は簡単な偵察をしてからうろたえて戻り，「謹んで申し上げます．盤上に白のビショップは二つあり，ともに白いマスである a2 と g2 にいます．どちらを捕らえればよいでしょうか？」と言った．このときのハールーンの驚きようといったらなかった．

見てわかるように，狡猾なビショップは罪のない白のポーンを操って最上段に到達させることで同じ見かけになるようにしたのである．

どれほどハールーンが怒鳴り散らして激怒したことか！「いいだろう．」やがてハールーンは大声で言った．「私の知力をもって，このいまいましいビショップの居場所を**導き出してやる．**」ハールーンはそれをかなり短い時間でやってのけ，衛兵隊長を盤上に送り返すと，罪を犯したビショップは**ちょうど1時間**で鎖につながれて連れ戻された．こうして，預言者のあごひげは難を逃れた．

さて，どちらが元からあったビショップで，どちらが昇格したビショップだろうか？

16

狡猾なビショップ 第2話

前回の話では罪を犯したビショップを見つけることは比較的単純な問題であったが，クイーン側のビショップが同じことを少し変形させ

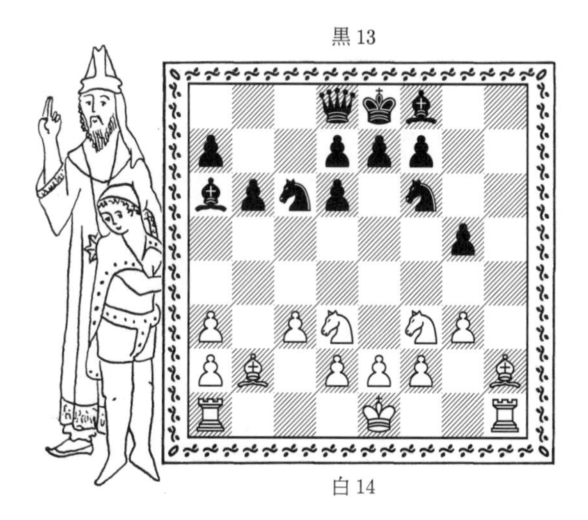

てやってみようと考えた．そこで，そのビショップは宝物を盗み，白のポーンを操って黒いマスでビショップに昇格させた．しかし，それに伴う局面を解析するのは，はるかに難しい！

実際，この局面だけでは，どちらのビショップが元からあった白のビショップであるかを導き出すことはできない．しかしながら，ハールーンの歴史家はこのゲームについて次のような三つの事実を記録にとどめていて，それらがあれば元からあったビショップを裁くのに十

分であった.

1. h8のルークは，最初にあったマスで取られた.
2. いずれのキングも動いたことはない.
3. 盤上に昇格した黒の駒はない.

さて，どちらが元からあった白のビショップだろうか？

17

アーチーの謀反

王の宝物を盗んだことに対する刑期を終えたのち，王のビショップである（そして宰相でもある）アーチーは今度こそ本当にハールーンを出し抜いてやろうと決

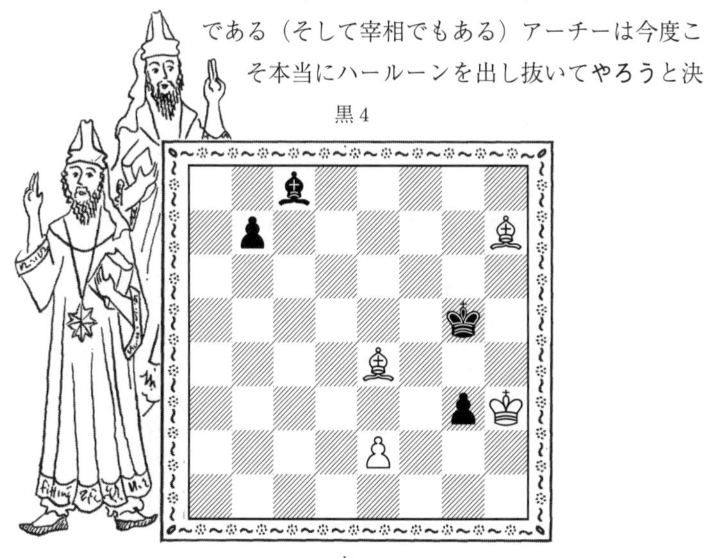

心した．そこで，アーチーは高価な秘蔵品をかなりたくさん持ち出し，使い古された手口を再び試みた．

白のキング側のビショップは今どこにいるだろうか？

18

二つの駒落ち

もっとも風変わりな盗みは，ゲームに参加すらしていない白の駒が働いたものであった！ このようにゲームに使用する駒を減らして相

黒 11

白 11

手が有利になるようにすることを，専門用語では「駒落ち」と呼ぶ．どの駒が駒落ちになっていたのだろうか？

何らかの奇妙な理由によって，アラビアン・ナイトの物語，とくにチェスに関わる物語には，二つ以上の筋書きで語られているものが多い．こうした異なる筋書きがいかにして生まれたかは，歴史家にとっては興味深い研究テーマであろう．これらの物語のもっとも信頼のおける出典は，もちろん『シャーの書』である．(残念なことに，この

素晴らしい著作はきわめて珍しいもので，西洋の読者にはほとんど知られていない．どれほど知られていないかというと，エドガー・アラン・ポーの『シェヘラザードの千二夜目の物語』に登場する，『シャーの書』に似たような『ソーナノカドーカスグオシエテ』と同じくらいである．）『シャーの書』は，『チェスの書』，『王の書』，そしてときには『知恵の書』のようにさまざまな呼ばれ方をしてきた．（『知恵の書』と呼ばれているのは，この本が歴史的な逸話だけでなく，一般的な人

黒 11

白 11

生に関する哲学的考察も含むからである．）しかし，『シャーの書』においてさえも，同じ物語に対して複数の筋書きが与えられていることがある．

今述べている物語は，その代表的な例である．別の筋書きによれば，これは次に示したような状況である．

白は，同じように1個の駒落ちでこのゲームを始め，さらにこの

18　二つの駒落ち

ゲームではポーンが昇格することはなかった．

駒落ちにしたのはどの駒であっただろうか？

第 III 部

アラビアン・ナイト

19

不精なナイトの事件

「私のナイトはなぜこれほどまでに不精なのだ？」ある日，ハールーンは宰相に尋ねた．「そいつはこのゲームの中で一度しか動いていな

黒 15

白 14

いように思われる！」

「彼と少し話し合ってみてはいかがでしょう？」と宰相は進言した．

「悩みの種はそこなのだ！」とハールーンは激高して言った．「白のナイトは f3 と h3 にいて，どちらが私のナイトで，どちらがアメリアのナイトなのか分からんのだ！ そしてもちろん，どちらのナイトもアメリアのナイトだと言い張っておる．こいつらは，いつでもお互いをかばい合っておるのだ！」

「なぜ甲冑を脱がさないのですか？」と宰相は尋ねた．「そうすれば，彼らの顔を見て，どちらのナイトかよく分かるでしょう」

「それはできない」とハールーンは答えた．「ナイトの甲冑を外すことは法に反してしまうのだ．ナイトの甲冑を外す唯一の方法は，カジールと私が武装解除協議を行うことだが，これまでそれが開かれたことは一度もない」

「それは」と深刻な面持ちで宰相は言った．「少々厄介でございますね？」

「まさしく」とハールーンは答えた．

そのとき，宰相が素晴らしい考えを思いついた．「どちらのナイトがどちらであるかを推論してみてはどうでしょう？」

「うまくいかんだろう」とハールーンは悲しそうに言った．「このゲームの経緯についてはあまり憶えておらん．確実に分かっているのは，私が動いてないということだけだ」

「不精なのはあなたのナイトだとおっしゃったのでは？」宰相は何食わぬ顔で尋ねた．

「言われんでも分かっておる！」とハールーンは怒鳴った．「次にそのような皮肉を言ったら，拷問台送りにしてやる！ おまえが私からどれほどの財宝を盗んだか忘れておらんからな！」

「陛下のためを思えばこそ盗んだのです」と宰相は言い返した．

「いったい何の話をしているのだ？」とハールーンが尋ねた．

「古くからの友として言わせていただきます」と宰相は言った．「私が実際には有り余るほどのお金をもっていることはご存知でしょう．私自身の私腹をこやすためだけに，陛下の侵すべからざる宝物庫から盗むことはありえません」

「ならば，いったいなぜ盗んだのだ？」

「陛下が私を捕らえることでその素晴らしい才知を世界に知らしめるためにほかなりません」

「なんだと？」ハールーンは愕然として大声をあげた．

「もちろんです，陛下」と宰相は答えた．「ポーンを昇格させて私に見せかけることによって盗みを企てた私がどれほど頭が切れるか，そして，どちらが昇格したポーンでどちらが私であったかを導き出された陛下はそれを上回る才知であったことを憶えておいでですよね？」

「もちろん憶えておる」とハールーンは言った．「それが何だというのだ？」

「肝心なのはそこです！」と興奮した宰相は叫んだ．「私がこの盗みを働かなければ，陛下が優れた逆向き解析の技量をおもちだということを世界中に示すまたとない機会は得られなかったでしょう．考えてみてください！ この犯罪行為がなければ，昇格したビショップという有名な謎を解いた人として陛下の名前が歴史に残ることはなかったでしょう．実際，この犯罪や将来行うことを計画している同じような犯罪がなければ，『アラビアン・ナイト』全編は書かれなかったかもしれません」

「**将来同じような犯罪を行おうとしている**と言ったように聞こえたが？」

「そのとおりです，陛下」と宰相は言った．「しかし，それらはすべて陛下のためなのです．お分かりでしょうか．これらすべてが，私を捕らえる技量に対する栄誉と名声を陛下にもたらしました」

「もっともらしいことを！」とハールーンは大声で言った．

「どれほどありそうもないことであっても」と宰相は応えた．「それでもなお真実なのです」

「いずれにしても」とハールーンは言った．「直面しているナイトの謎を解くのに，そのことがどれほど役に立つというのだ？」

「私の知る限り，まったく役に立ちません」と宰相は答えた．

「それでは，なぜそれについて語って時間を無駄にしているのだ？」

「そんなつもりはございません」と宰相は答えた．「その問題を持ち出したのは，私ではなく陛下です」

「それを持ち出したのは」とハールーンは言った．「私が動いたことがなくナイトのように不精だと，お前が皮肉を言ったからだ」

「なるほど，少なくとも**それ**は今の問題に関係があります」と宰相は言った．「いずれにせよ，私が盗みを働いたことを持ち出した動機がなんであれ，持ち出したのは陛下であり私ではありません．したがって，時間を無駄にしていると**私**を責めないでいただけますか！」

「その間にも，時間を無駄にした責任が誰にあるかを論じて時間を**さらに**無駄にしておる」とハールーンは言った．

「おっしゃるとおりです」と宰相は答えた．「そして，そのいずれについても私を責めないでいただけますか」

「それでは，どうすればよい？」とハールーンは尋ねた．

「史官に助言を求めてはいかがでしょうか」と宰相は答えた．

そこで史官が呼ばれ，助言を求められた．だが，この史官はこれまでになく著しく突拍子もない史官であった！ その突拍子もなさは，これまでに間違った事実を記録したということではない．彼の記録したものはすべて完全に信頼できるものであった．むしろこの史官の突拍子もなさは，その記録した事実がまったくの場当たり的であったことだ．彼は何から何まで行き当たりばったりで，それがなんであれ「自制」と呼ばれたりするものが欠落していた．彼は**その時代**に生きていたので，プロテスタントの「職業倫理」に触れることはなかったし，したがって非常に気楽でのんびりとした平穏で夢のような暮らしを楽しんでいた．実際，彼が**その場所**に生きていなければ，タオイストと形容されていたかもしれない．通常，彼は朝起きるのがとても遅く，気が向けば外に散策に出て，興味のそそるものであれば進行中のゲームのいかなる事実も記録した．そして，生来のタオイストとして（また，その結果として否定と無の原理の影響を非常に強く受けて），出来事として**起こった**ことではなく，**起こらなかった**ことを記録するというきわめて変わった習慣があった．たとえば，この特定のゲームでは，こともあろうに，d7 のマスはポーンが出ていったあとほかの駒が入ったこともないし 2 回以上通過されたこともないと記録していた．なぜこの特定の事実が彼の興味を惹いたかは皆目見当がつかない！ そうだとしても，この事実こそが不精なナイトの正体を突き止めるための決定的な手がかりになることが分かった．そのほかの事実として，黒のクイーン側のナイトは 2 回しか動いたことがないというのも同じくらい重要であった．

したがって，(1) 白のキングは動いたことがない．(2) 黒のクイーン側のナイトは 2 回しか動いたことがない．(3) d7 のマスはポーンが出ていったあとほかの駒が入ったこともないし 2 回以上通過されたこともない．

白のキング側のナイトは 1 回だけ動いた．それは f3 にあるナイトか，それとも h3 にあるナイトか？

20

不精なナイト？

「私のナイトが！」ある日，ハールーンは宰相に息巻いた．「今度はまったく動いていないようだ！」

黒 14

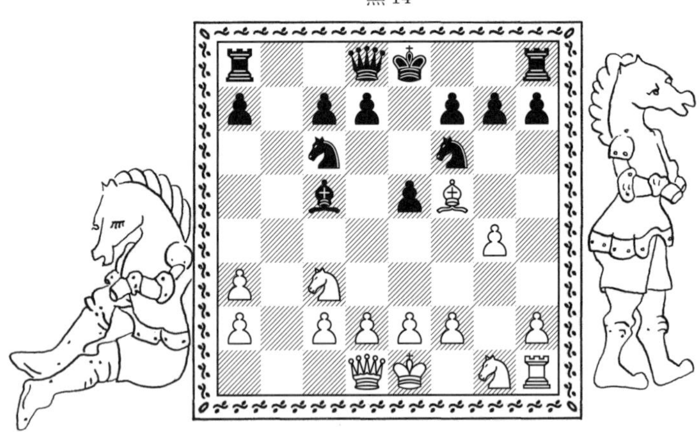

白 14

「そのように**みえる**のですか，それともそうだと**分かっている**のですか？」と宰相は尋ねた．

「いや，あいつが動いたことがあるかどうかは**分からん**」とハールーンは認めた．「しかしながら，あいつは**いまだに**元のマスにいる」

「『いまだに元のマスにいる』という言い方は論点をぼかしているように思われます」と宰相は応じた．

「ああ」とハールーンは認めた．「けれども，あいつが動いたことがあるかどうか思い出せんのだ」

「それは彼が動いていないことの証拠とはいえませんね」

「ああ」とハールーンは言った．「どうすればよいのだ？」

「局面の図を描いていただけますか？」と宰相は言った．

「ここにある」とハールーンは言った．

宰相はそれをしばらく調べ，こう尋ねた．「陛下，盤上に昇格した駒はございますか？」

「ない」とハールーンは答えた．「盤上に昇格した駒がないことは分かっておる」

「それでは，あなたのナイトはそれほど不精ではありません」と宰相は言った．「そのナイトが動いていることは比較的簡単に導き出せます」

宰相はどのようにしてそれが分かったのだろうか？

21

不精なのはどのナイトか？

「今度はまた別の問題だ.」数日後にハールーンは言った.「またしても二つの白のナイトのうちの一方は動いたことがないと史官が報告

黒 10

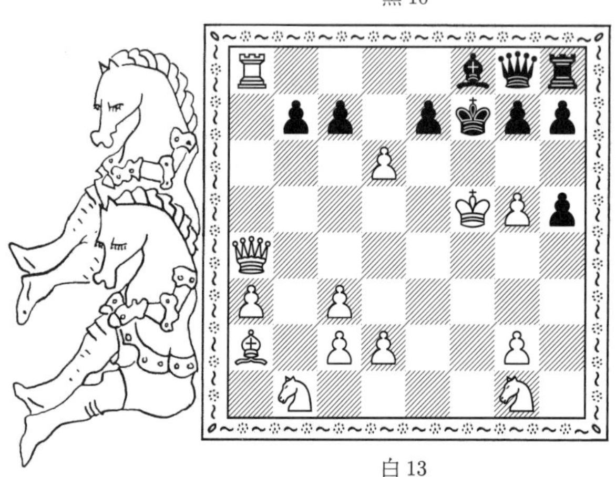

白 13

してきた」

「どちらのナイトですか？」と宰相は尋ねた.

「それが悩みの種なのだ！」とハールーンは言い，怒りでますます蒼白になった.「史官はひどくうっかりもので，どちらのナイトであるかを記録するのを怠ったのだ. そして，どちらのナイトであるかも憶えておらぬ. これまでにこんな突拍子もない史官はおらぬ！ 近いうちに処刑してやる！」

「それはやめたほうがよろしいかと．陛下」と宰相は答えた．「彼は変人ですが，逆向調査で役立つような実に思いがけない小さな事実を記録する鋭い才覚があります」

「どっちが不精なナイトなのだ？」ハールーンは，謁見室のあちらこちらを踏み鳴らして大声をあげた．

「落ち着いてください，陛下」と宰相は言った．「そのことはあまり重要ではありません．不精なナイトにとらわれすぎておいでです！」

「重要でない？」ハールーンは金切り声をあげた．「重要でないだと？　ナイトの一方が**不精**だということが分からぬのか？」

「それがどうかしましたか？」と宰相は尋ねた．「不精であることの何がそんなに悪いのでしょう？」

「何がそんなに悪い？」ハールーンは耳を疑って尋ねた．「何がそんなに**悪い**だと？　お前が宝物を盗んだとき，不精ではなかったろうしな！」

「それは**今**持ち出す話ではないでしょう」と宰相は笑った．「もしそうだとしても，それでは不精さを**奨励している**ことになります．私がもっと不精であって宝物を**取らなかった**ほうがよかったというのですか？」

「見え透いた屁理屈だ」とハールーンは怒りを爆発させた．「不精は悪いことだと誰しも知っておる．自制心について聞いたことはないのか？　怠けることの弊害について聞いたことはないのか？　聖典を読んだことはないのか？」

「ございます．」宰相は肩を落として答えた．

「怪しいものだな」

「いかようにも」と宰相は答えた．

「思い上がらぬことだ！」とハールーンは怒鳴りつけた．「**不精なナイトを見つけよ！**」

「局面の図を描いていただけますか？」という宰相の求めに，ハールーンは50ページのように図を描いた．

「どちらが不精なナイトか分かりました」と宰相は言った．

さて，不精なのはどちらのナイトだろうか？

22

ふざけたナイトの話

「このナイトどもは！」とハールーンは言った．「いつも頭痛の種だ！」

黒 12 か 13

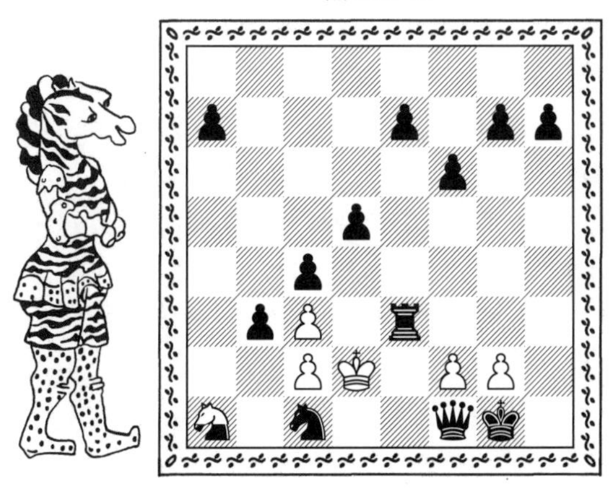

白 5 か 6

「また動かない事件でしょうか？」宰相は少しうんざりしたように尋ねた．

「いや，今回は不精ではない．まったく馬鹿げたおふざけなのだ」

「ちょっとしたおふざけの何が悪いのでしょうか？」と宰相は尋ねた．

「何が悪いだと？」とハールーンは大声をあげた．「お前が宝物を盗んだときは，そんなにふざけてはおらんかったろうからな！」

「なぜこんなにも話がかみ合わないのでしょう？」と宰相は尋ねた.「持ち出される言い分はいつも見当違いです．その言い分は，証明されたいことの真逆を立証しようとされているかのようです」

「どういうことだ？」とハールーンは尋ねた.

「よろしいでしょうか，これはよくあることなのですが，陛下はおふざけを**非難**しておいでです．そして，私が宝物を盗んだことを，ふざけていたせいではなく，ふざけて**いない**せいにされました．いったいそれはどういう論理なのでしょうか？」

「ふざけすぎはとんでもなく悪いことだ.」ハールーンは宰相を完全に無視して言った.「真剣に行わなければならぬ仕事があり，いつまでも子供のままでいるわけにはいかぬのだ」

「お願いします！」と宰相は言った.「またくだらない哲学的な論争に足を踏み入れるのはやめましょう．そのおふざけの過ぎたナイトの問題に直ちに取りかかりましょう．そのナイトは陛下のですか，それともアメリアの？」

「どちらのナイトであるかは分からん」とハールーンは答えた.「黒のナイトかもしれんのだ」

「それは面白くなりそうな話ですね」と宰相は答えた.「もう少し教えていただけますか」

「うむ」とハールーンは言った.「状況はこのようになっている.」そして，ハールーンは前ページに示したような局面の図を宰相に見せた.「半分黒で半分白の甲冑をつけたナイトがa1にいる．このナイトの色は分からない．そいつは私をイラつかせるためだけにこんなことしているのだ！」

「そして，非武装協議を行っていないため，彼の甲冑を外すことができないのですね？」

「そのとおりだ」とハールーンは言った.

宰相はこの状況を数分ほど調べていたが，こう尋ねた.「陛下，次はどちらの手番ですか？」

「黒の手番だ」

「なるほど！　これでそのナイトの色が分かりました」

このナイトは何色だろうか？

23

甲冑を交換したナイト

「またしてもふざけおって！」とハールーンは言った．「今度は白と黒のナイトが甲冑を交換しおった．したがって，黒に見えるナイトの

黒 10

白 12

うちの一つが本当は白で，白に見えるナイトのうちの一つが本当は黒なのだ．なんともややこしい」

「どうしてそれがお分かりになったのですか？」と宰相は尋ねた．

「史官が伝えてきた」とハールーンは答えた．

「そして，もちろん，**どの**二つのナイトが悪さをしているかはきちんと言わなかったのですね」

「そのとおりだ」とハールーンは言った．「うっかり者の史官をよく

分かっておるな！」

「では」と宰相は言った．「この状況を真剣に調べてみましょう」

しばらくして宰相は言った．「陛下，この状況が生じたことに本当に感謝しています．この答えは，私がこれまで見たなかでもっとも美しいものです．どの二つのナイトが甲冑を交換したか分かりました」

どのナイトが甲冑を交換しているのだろうか？

24

いにしえのパズル

「陛下,」その翌日に宰相は言った.「前回の状況から，しばらく前に見かけた非常に古いチェスのパズルをふと思い出しました.

黒 12

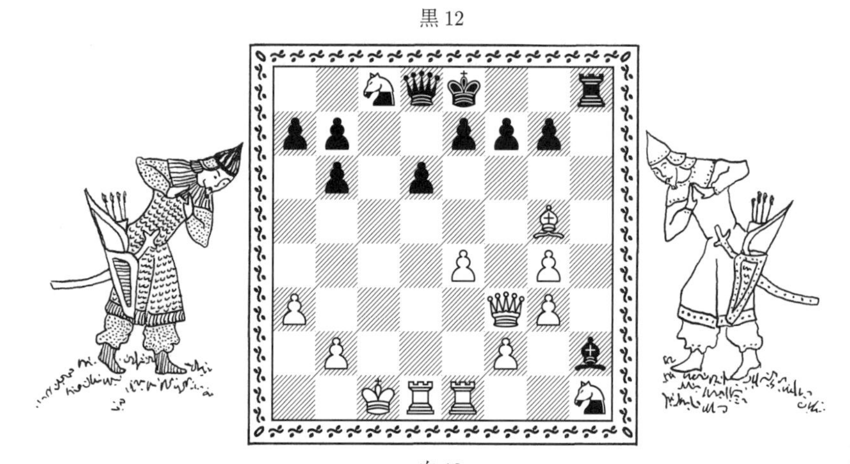

白 12

そのゲームでは黒はクイーン側のビショップを駒落ちして戦い，ポーンに取られたナイトはなく，黒は入城できることが分かっています．c8 と c1 には色の異なる二つのナイトがいます．このとき，どちらのナイトがどちらの色か？ というのが問題です」

「これには」と宰相は続けた.「対をなす興味深い問題があります．それは，黒のビショップを h2 から a2 に移動させ，与えられた条件を次のように変えたものです．ナイトもポーンも昇格した駒もポーンに取られたことはなく，最下段でも最上段でもポーンが駒を取ったことはありません．このゲームでは駒落ちもありません．さて，どちらのナイトがどちらの色でしょうか？」

25

見えないナイト

「これは重大な事件だ.」ある日，ハールーンは言った.「今回は，迷惑な悪ふざけだけでなく，この上なく貴重な宝物が盗まれたのだ」

「それはどんな宝物ですか？」と宰相は身を乗り出して尋ねた.

「ああ，透明になる粉だ！ 私にはそれが必要なのだ！」

「透明になる粉というのは，その粉が透明になるということでしょうか？」

「馬鹿者，そんなわけがあるか！ 透明になる粉は透明ではない．透明な粉とごっちゃにするな．透明になる粉はもちろん目に見える．実際には青みがかった白色だ」

「それでは，なぜ透明になる粉と呼ばれているのですか？」と宰相は尋ねた.

「それを飲んだら，いや，飲み込んだら，その者は見えなくなるからだ」

「しかし，その粉自体は目に見えるのですね？」

「そうだ，そう言っただろう！」

「それを飲んだあともですか？」と宰相は尋ねた.

「いや，飲んだあとは違う！ 飲めば，体のほかの部分と同じように見えなくなる」

「しかし，それは透明になる粉は目に見えるとおっしゃったことと矛盾しませんか？」

「そんなことはない.」少し苛立ちながらハールーンは言った.「それは体の一部になり，粉ではなくなったのだ」

「しかし，どうすれば粉でなくなることができるのでしょう？」

「それは興味深い哲学的問題だが，脇道にはそれたくない！ 私は透明になる粉を見つけたいのだ」

「誰が盗んだのですか？」と宰相は尋ねた.

「白のナイトの一方だ」

「それでは，なぜそのナイトを取り押さえていないのですか？」

「何をほざいておる．そいつは**見えない**のだぞ！ 透明になる粉を盗んでおいてそれを自分で使わないとでも思うのか？ 逮捕から逃れるのに透明になることよりもよい方法があるか？」

宰相は数分ほどこれについて考えていたが，いっそう困惑してしまった.「問題を整理させてください」と宰相は言った.「ナイトは透明になる目的でその粉を取ったのですね」

「当然そうだろう」とハールーンは言った.

「そして，捕まることを避けるために透明になろうとした」

「もちろん」とハールーンは言った.

「その粉を盗んだ罪で捕まることを」

「そのとおり」とハールーンは言った.

宰相はこれまでにもまして困惑した．これは捕まることを避けるのに不必要に回りくどい方法としか思えなかった．ああ，時として人はどうしても奇妙に矛盾してしまうのだな！と宰相は思った.

「さあ，座して**考える**のはやめろ」とハールーンは言った.「**行動**を起こせ．盗まれた粉を取り戻す手助けをせよ！」

「おそらく史官に聞いてみるべきでしょう」と宰相は提案した.「たぶん彼が知っています」

「いい考えだ」とハールーンは答えた．そして，「見えないナイトを見たことはないか？」という伝言を史官に届けた．史官からすぐに「もちろん見ておりません！ なんという馬鹿げた質問！」と返事が来た．ハールーンはこう送り返した.「どこに見えないナイトがいるか**知っている**か？と聞いているのだ.」史官はこう答えた.「いいえ，見えないナイトがどこにいるか見当もつきませんし，それを意に介したこともありません！」

この最後の返事，とくにその最後の一節は，ハールーンの神経を逆撫でしたようであった．いくぶん尊大な雰囲気が漂っていたからだ．

「この恥知らずを鎖につないでここに連れてこい！」ハールーンは命令した．

そして，史官が鎖につながれて宮殿に連れてこられ，そこでハールーンは史官を自由に尋問することができた．「私はこの真相が知りたいのだ」とハールーンは怒鳴った．「そのナイトが24時間以内に見つからなければ，お前自身の命を失うことになるぞ！ それでも，そのナイトをどこでも見たことがないと言うのか？」

「どうやって見えないナイトを見ることができるというのでしょう？」と史官は言い返した．

「そのナイトの居場所について見当がつかないというのか？」

「もちろんです！ もし見当がついていれば，今までにそれをお話ししないわけがありません」

「そのほうがよいだろう！」とハールーンは言った．「私に答えるときはもう少し礼儀をわきまえたほうがよいぞ．さて，これが現在の局面だ」

そこで直ちにこの局面図が作られた．「まさかとは思うが」とハールーンは史官に尋ねた．「このゲームの経緯について憶えてないなどということはないだろうな？」

「それほど多くは憶えておりません．」史官は肩を落として言った．「黒のキングとクイーンは動いたことがなく，それらに白の駒が利いたこともないのは分かっています．これがお役に立つといいのですが」

「そうかもしれん」とハールーンは言った．「また，アメリアや私もたしかに一度も動いておらぬ．ほかに知っておることは？」

「a5 にある黒のルークは一度しか動いていないという事実を記録しております」

「奇妙なことを記録しているのだな」とハールーンは言った．「しかしながら，それが役に立つかもしれん．それは誰にも分からん．ほかに知っておることは？」

「このゲームでの黒の第 1 手を記録しております．それは c5 にあるポーンが c7 から動いたというものです．これがお役に立つでしょうか？」

黒 13

白 14
(1 個は見えない)

宰相はこの三つの事実を書きとめた．(1) いずれのキングもクイーンも動いたことはない．そして黒のキングやクイーンに白の駒が利いたことはない．(2) a5 にある黒のルークは一度（だけ）動いた．(3) 黒の第 1 手は c7 から c5 にポーンを動かすことであった．宰相は数分の間この状況を調べると，突然元気になってこう言った．「陛下，史官を解放してもかまいません！ 見えない白のナイトがどこにいなければならないかもう分かりました」

見えないナイトはどこにいるだろうか？

26

どちらのナイトが有罪か？

「アーチバルド，」ある日，ハールーンは宰相に言った．「解決せねばならぬ深刻な問題がある．それは，実際には探

偵が扱う事件だ．シャーロック・ホームズがこの世にいたらどんなによかったことか！ そうすれば，私の人生は心休まったであろうに！」

「その問題とは何でしょうか？」と宰相は尋ねた．

「うむ，手短にいえば状況はこうだ．白のナイトの一方によって，かなり重大な犯罪が行われた．その犯罪は，そのナイトが3回めに動いたときに行われたことが分かっている．また，もう一方のナイトは2回しか動いていないことも分かっている．ナイトについて分かって

いることはこれがすべてだ．これで，どちらのナイトが有罪なのか，どうすれば分かるだろうか？」

「興味深い．」局面を詳しく調べながら宰相は言った．「確かに，一方のナイトはb1から2手で動き，もう一方のナイトはg1から3手で動いたようにみえます」

「まさしく」とハールーンは言った．

宰相はもう少し局面を調べた．すると突如，名案を思いついた．

「教えてください，陛下．盤上に昇格した駒があるかどうかをご存知ではありませんか？」

「うむ，そのような駒はない」とハールーンは答えた．「それは分かっている．しかし，それが問題に関係しているとは思えんが！」

「とても深く関係しております，陛下．これでどちらのナイトが有罪か分かりました！」

有罪なのはどちらのナイトだろうか？

27

宰相が殺人事件を解決する

ある日，ハールーンは宰相を呼んで緊急の会議を開いた．

「ことは急を要する」とハールーンは言った．「オラフの命が危う

黒 12

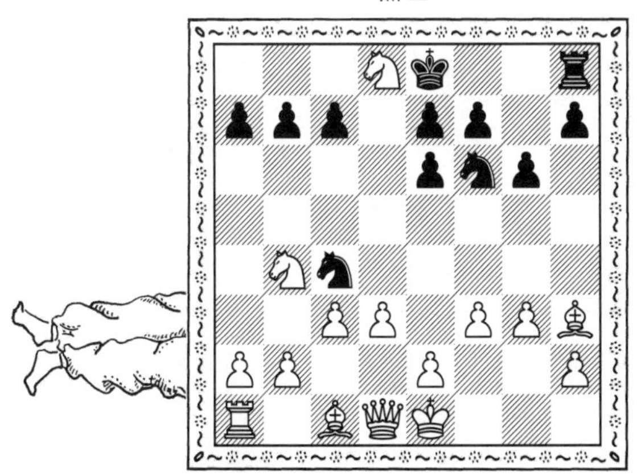

白 15

い．一刻の猶予もないのだ！」

「あれほど悪ふざけをしたオラフの命を救うことを，なぜそこまで気にかけておられるのでしょうか？」と宰相は尋ねた．

「そんなことはどうでもよい！」とハールーンは言った．「悪ふざけは悪ふざけだ．だが，これは冗談ごとではないのだ！」

「悪ふざけは容認されず，勤勉の尊さを信じておられるのだと思っておりました」

「よく聞け」とハールーンは言った.「もちろん, 私は悪ふざけを容認などしていない！ しかし, 悪ふざけについてはすでにオラフに罰を与えている. 私は道徳主義者かもしれんが, それを盲信しているわけではない！ 限度というものがある. 分かるか」

「仰せのとおりに」と宰相は言った.「それで, 何が問題で, 何が私たちにできるでしょうか？」

「よいか」とハールーンは言った.「カジールがオラフを殺人の罪に問うた. 状況はこうだ. メディーアの命が奪われて, カジールはその暗殺者を処刑しようとしている. たまたまオラフはメディーアのマスにいたのだ.

そのことから, カジールはオラフが有罪だと結論した」

「オラフが彼女のマスにいたという事実は, 何の証拠にもなりません！」と宰相は大声で言った.

「もちろんだ」とハールーンは答えた.「そんなことは分かっておる. しかし, 正義についてのカジールの考え方は, 我々とまったく別物なのだ！ 彼にとっては, 無実が証明できなければ有罪なのだ. そこでカジールは, 24時間以内に無実を証明できなければオラフは死ぬことになるという最後通告を送ってきた」

「分かりました」と宰相は言った.「できるだけのことをやりましょう. このゲームの中であなたは動いたことがあったかどうか教えてください」

「ない」とハールーンは言った.

「それは手がかりになりますが, まだ十分ではありません. 今夜にでも裁判を開くようにカジールと話をつけていただけませんでしょうか. 私がオラフの弁護人になります」

こうして, その夜に裁判が開かれた. 検察官が提出することのできた証拠は, オラフが黒のクイーンのマスにいたことだけであった. あきらかに, これは情況証拠にすぎない. しかしカジールの法によれば，絶対に確実な証拠で否定されないかぎり，これが最終的な証拠として使われるのだ．検察官が説明を終えたあと，被告の弁護人が話すことを許された．

「それでは，陛下」とハールーンの宰相は非常に礼儀正しくカジールに言った．「崇高なる御君におかれましてはこのゲームで動かれたことはございますでしょうか？」

「いや」とカジールは答えた．「私は動いたことはない．それが何だというのだ？」

「分かりました」と宰相は答えた．「我が教主もまた一度も動いていないと証言しています．この証言を本法廷の証拠として採用していただけますか？」

「聖典にかけて誓うならな」とカジールは答えた．

ハールーンは，このゲームでまだ一度も動いていないことを聖典にかけて誓った．

「さて，いずれのキングも動いてはいないことが立証されました」と宰相は言った．「これで，騎士オラフが黒の女王の暗殺者にはなりえないことを裁判官の納得いくよう証明できます」

宰相はこれを証明し，カジールはオラフを解放せざるをえなかった．宰相はどのようにしてそれを証明したのだろうか？

第 IV 部

宮殿での物語

28

スパイの謎

「何か物語を話せぬか？」ある蒸し暑い日に，ハールーンは宰相に尋ねた.「ここらにあるものには，

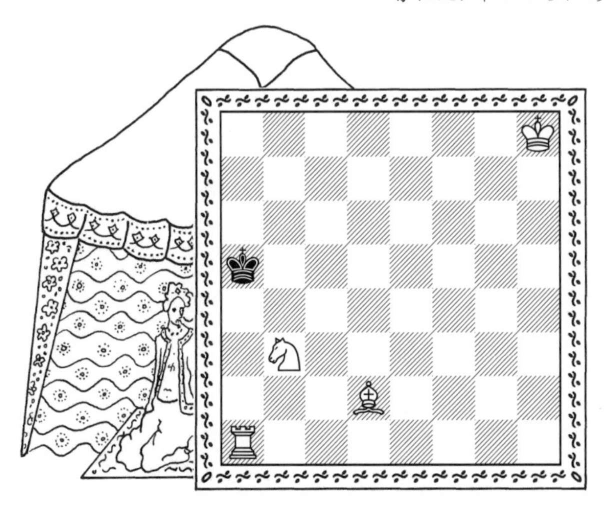

もう飽き飽きした」

「どのような話をご所望でしょうか？ 陛下」

「そうだな，何かスパイの出てくるサスペンスを知らないか？」

「そうですね」と宰相は言った.「それでは陛下，スパイの出てくる推理小説はいかがでしょう．それをサスペンスとお呼びいただけるかどうかは分かりませんが，面白いチェスのパズルを含んでいます」

「話してみよ.」はやる思いでハールーンは大声をあげた.

「承知しました，陛下．それは次のような状況です．」そう言って宰相は前述のようにチェス盤に駒を並べた．

「この対局では，駒のうちの一つはスパイが変装したものです．どれが変装した駒で，それが本当は何であるか分かりますか？」

29

スパイの謎 II

「卑怯な手口だな.」宰相が前問の答えを示すとハールーンは言った.「もっと素直な問題を出せ. インチキでないやつを」

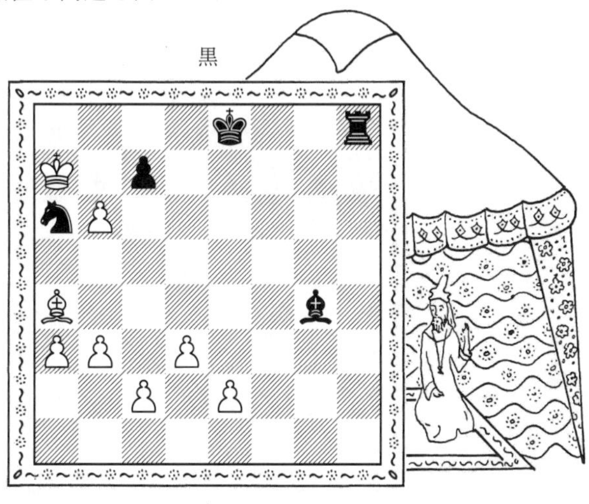

白

「あの問題もインチキではないと思います」と宰相は答えた.「しかしながら, この問題はもっと気に入られるのではないでしょうか.

黒の士官（キングとポーン以外の駒）のうち, 一つは白のスパイが変装した駒です. その駒は本当は何でしょうか？

第**2**問, 黒はこのあと入城することができるでしょうか？」

30

達人スパイの謎

「これのほうがよいな」とハールーンは言った．「この問題は気に入った．答えが単純で愉快であった．ほかにもあるか？」

黒 13 か 15

白 11 か 13

「私の存じ上げている最高のスパイの物語は」と宰相は答えた．「たしかにスパイの『達人』の物語と呼んでもよいかもしれません．それは，その解析の精妙さにおいて並外れているのです．アラビアン・ナイトの史実の中でもっとも素晴らしいスパイ小説です」

「最後の表現は」とハールーンは言った．「少し変な感じがするが，先にすすめよ」

「昔々」と宰相は言った．「スパイの**達人**がおりました．そのスパイは非常に巧妙に変装することができたので，彼を見つけ出すことはきわめて困難でした．そのスパイにできるのは色を変えることだけでした．駒の種類は変わりません．

さて，分かっているのは，そのスパイの達人はポーンではないということだけです．申し上げましたように，そのスパイは色を変えていますが，駒の種類は元のままです．どの駒がスパイでしょうか？」

31

ビショップの裁判

「見事だ！」とハールーンは言った.「これはたしかにスパイの達人の物語だ. 間違いなくもっともありえなさそうな駒がスパイである

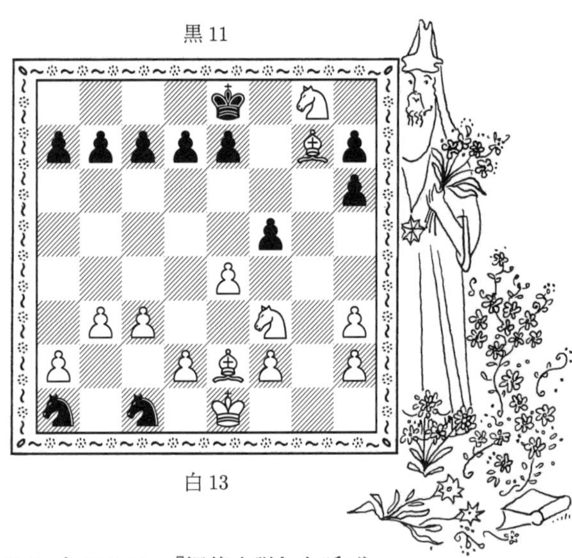

ことが判明する！ ところで,『探偵小説』と呼ばれるものを何か知らないか？」

「ビショップの裁判があります」と宰相は答えた.

「それはどんな話だ？」

「はい, 陛下, それは次のような状況です. ある日, 盤の最上段のどこかで重大な犯罪が行われ, 白のクイーン側のビショップが有罪であることを示す証拠がありました．

『不可能だ．』裁判においてビショップは大声をあげました．『私にそれができるはずはない！　私は最上段にいたことさえない！』

ビショップがそのように言わなければ，無罪放免になっていたかもしれません．しかし，そう言ったことで，裁判官であった白の王はビショップが嘘をついていると分かりました．白の王は，次が白の手番であり，いずれのキングも動いたことがないと記録されていることから，ビショップが嘘をついていると推論したのです．嘘を見抜いた白の王はさらに詳しく調査して，そのビショップに有罪判決を下すのに十分な証拠を見つけました．

どのようにして，このビショップが嘘をついていると分かったのでしょうか？」

32

行方不明のポーンの謎

「いい話だ」とハールーンは言った．「ほかに探偵小説はないか？」

「行方不明のポーンの謎をご存知ですか？」と宰相は尋ねた．

黒 13

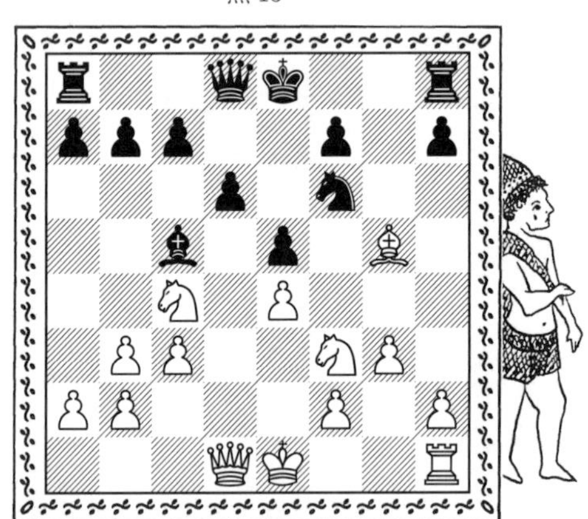

白 14

「いや，どんな話だ？」

「それでは」と宰相は言った．「昔々，g7を出発した小さな黒のポーンがいました」

「なんだかバラブみたいだな」とハールーンは口をはさんだ．

「バラブでもかまいません」と宰相は答えた．「いずれにしろ，その父である黒の王は，そのポーンを気にかけていて，その居場所を知りたいと考えました．そのポーンが盤上にいるなら，もとの姿かそれとも昇格した姿で，どのマスにいるのか？ そのポーンが取られたのなら，もとの姿かそれとも昇格した姿で，どのマスで取られたのか？ そのポーンの身に何が起こったのか？

その父親は必死になってポーンを探し，最終的にはそのポーンを見つけるためにいわゆる『探偵』を雇わねばなりませんでした．探偵は，白のキングとクイーンはいずれも動いたことがなく，それらに黒の駒が利いたこともないのを突き止めました．これで，このポーンの行く末を導き出すには十分であることが分かっています．

さて，このポーンはどうなったのでしょうか？」

33

美女と騎士

「今日は情熱的な気分だ」とハールーンは言った.「恋物語はないか？」

「一つ知っています」と宰相は答えた.「これはアメリア，すなわちハールーン・アッラシード夫人，信仰厚き者たちの支配者である偉大なハールーン・アッラシードの女王から伺った話です」

「伺っただと？」とハールーンは怪訝そうに尋ねた.「それはいつだ？」

「たった今です，陛下.」少し慌てたように宰相は言い返した.「心配はご無用です！ ご存知のように，私とハールーン・アッラシード夫人の関係は，非常に美しいけれども純粋にプラトニックなものです」

「知ったことか！」とハールーンは叫んだ.「それに，プラトニックなどというものは信じられん．私はアリストテレス学派だしな！」

「これは非常に美しい物語です.」質問の方向を変えようとして宰相は言った.

「その題名は何といわれている？」とハールーンは尋ねた.

「それは何ともいわれておりません」

「物語に名前がないだと？」

「いえ，その**物語**に名前はございますが，それは題名ではありません．ルイス・キャロルをお読みになったことはございませんか？」

「ルイス・キャロルとは何者じゃ？」とハールーンは尋ねた.

「ああ，お気になさらぬよう！」と宰相は言った.

「いずれにしろ」とハールーンは言った.「題名は何だ？」

「その物語には題名が二つあります」と宰相は答えた.「一つは『美女と騎士』で，もう一つは『美女と騎士の物語』です．どちらの物語をお聞きになりたいですか？」

「何をいっているのか分からん」とハールーンは答えた.「その二つは同じ物語のようだが」

「そのとおりです」と宰相は答えた.「こうすると，選ぶのがとても簡単になるでしょう！」

見るからにハールーンは戸惑い，一体何が起ころうとしているかを理解するのにしばし時間を要した.

「この物語はとても美しく，とても感動的です.」深いため息をつきながら宰相は言った.「これを思い起こすたびに，目に涙が浮かぶか，あるいは...」

「あるいは何だ？」とハールーンは尋ねた.

「あるいは，涙が浮かびません.」宰相はルイス・キャロル風に答えた.

「ところで，その物語はどうなった？」とハールーンは尋ねた.

「この物語はとても美しく，とても感動的です」と宰相は答えた.

「わかっておる！」ハールーンはイライラして叫んだ.「それはもう聞いた．だが，それは**何**の物語だ？」

「美女と恋に落ちた騎士の物語です」と宰相は答えた．長い沈黙が続いた.

「それだけか？」とハールーンは尋ねた.

「そうではありません！ 陛下．その美女は王女で...」再び沈黙が続いた.

「それで何が起きたのだ？」とハールーンは尋ねた.

「そう，その王女は黒のキング側のルークに閉じ込められていました．王女をすぐさま助け出さなければなりません！ 問題は，二つのルークのどちらがキング側のルークでどちらがクイーン側のルークか騎士には分かっていなかったことです．騎士は，いずれのキングもクイーンも動いてはいないことを憶えていました．それでも，どちらのルークに向かうべきかは分かりませんでした．これで，この物語が美しく感動的だとお分かりいただけたでしょうか？」

「1ミリも！」とハールーンは言った．「どこがそんなに美しく感動的なのだ？」

「この状況の悲痛さがお分かりいただけないのですか？」と宰相は

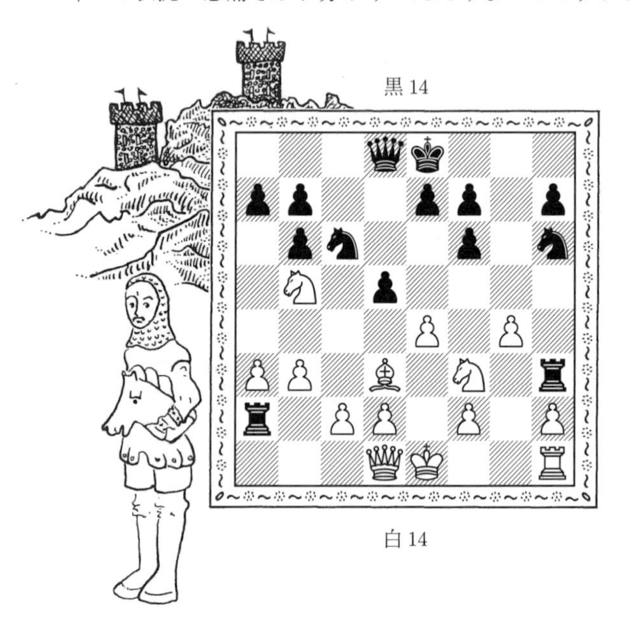

訴えた．「この王女と恋に落ちた騎士がいて，何としてでも王女を救い出したいと考えましたが，どちらに行くべきか分かりませんでした．これに涙を誘われませんか？」

「一滴も」とハールーンは怒鳴った．「これで終わりではなかろうな？」

「ええ」と宰相は言った．「幸運にも物語は幸せな結末を迎えます．

騎士がどうすべきかと悩んで立ちつくしていると，突如として，白がまさに入城しようとしているという知らせを従者がもってきました．騎士は嬉しさのあまり小躍りしました！ これでどちらに行くべきか分かったのです！ それはどちらでしょうか？」

34

魔法の絨毯の物語

「恋物語はあまり好きになれんな.」あくびをしながらハールーンは言った.「おとぎ話はどうだ？ 何かおとぎ話を知らないか？」

黒 13

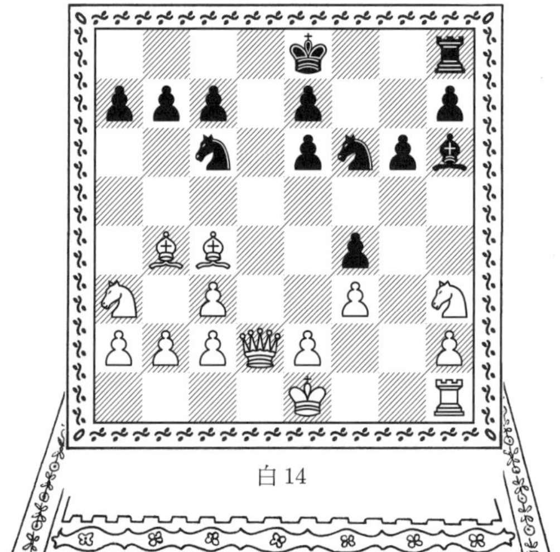

白 14

「魔法の絨毯の物語はご存知ですか？」声の調子に確実に疲れのみえる宰相が尋ねた.

「おそらくな」とハールーンはよく考えたうえで言った.「少年のときに聞いたように思う. しかし, よく憶えておらん. 魔法の絨毯の物語とはどんな話だ？」

「ええと」と宰相は言った．「これからお話ししようとしているのは，もっともよく語り継がれている筋書きではありません．それでも，チェスの観点からは特別に興味深いものです．非常に簡単にいえば，その物語はこうなります．」宰相はチェス盤の駒を並べ直した．

「白も黒も入城することができます．白のクイーンには黒の駒が利いたことはありません．そして，黒のクイーンには白の駒が利いたことが一度だけあります」

「盤上にある白の士官（キングとポーン以外の駒）の一つは，魔法の絨毯を手に入れて，あるマスからほかのマスにチェスの規則を無視して移動しました．それはどの駒で，魔法の絨毯を手に入れたのはどのマスだったのでしょうか？」

35

幽霊ビショップ

「語り部コンテストを開いてはどうだろう？」ある日，ハールーンは宰相に言った．「才能のある者が宮廷に集まり，新しい物語やチェ

黒 16

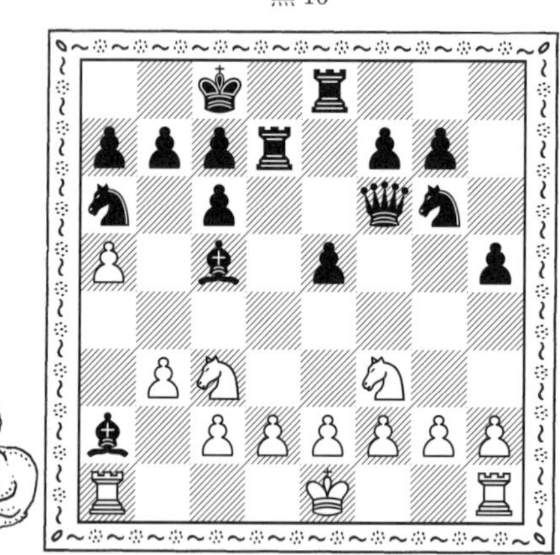

白 13 か 14

スの問題を知ることができよう」

「名案でございますね」と宰相は答えた．

そこで，ハールーンは市場に次のような張り紙を掲示した．

宮殿にてチェスの物語コンテストを開催する．最優秀者には特賞が与えられ，敗者は刑に処せられる．

「本当に敗者を処刑するおつもりですか？」宰相は少し心配そうに尋

ねた．

「もちろん，そんなことはせぬ」とハールーンは笑いとばした．「しかし，緊張感があったほうがよい．そうは思わんか？」

「処刑について触れると，出場者のやる気をそぐとはお考えにならないのですか？」と宰相は尋ねた．

「勇気のないやつはな」とハールーンは答えた．

こうして催しの日になった！ しかし，出場するほど勇気のある語り部は4人だけであった．

「なんともはや！」とハールーンは言った．「少数だが選りすぐりの者たちが集まったということだ．では物語を始めよ」

最初の出場者はこう言った．「私の話は，幽霊ビショップについての物語です．

白のクイーン側のビショップは幽霊ビショップで，目に見えません．そのビショップは盤上にいるかもしれませんし，取られて盤上にないかもしれません．盤上にいるのであれば，それはどのマスでしょうか？ 取られたのだとすると，それはどのマスでしょうか？」

36

幽霊ビショップ II

「私の話も，幽霊ビショップについての物語です」と次の出場者は言った．

黒 15

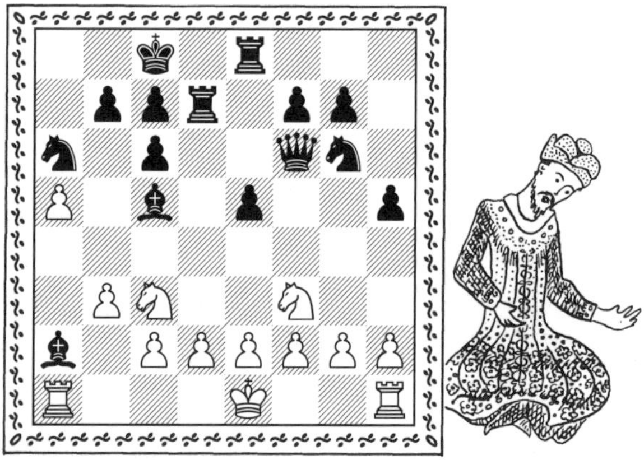

白 13 か 14

「幽霊ビショップは，今度も白のクイーン側のビショップで，最初の位置で取られたのではありません．そのビショップはどのマスにいるのでしょうか？ それとも取られたのであれば，どのマスで取られたのでしょうか？」

37

二つの幽霊ビショップ

「私の話は，二つの幽霊ビショップについての物語です」と3番目の出場者は言った．

黒

白

「白の幽霊ビショップは，必ずしもクイーン側のビショップとは限りませんが，盤上にいます．これまでの二つの物語と同じ駒がc6でポーンに取られました．また，白は入城することができます．白の幽霊ビショップはどのマスにいるでしょうか？

黒のキング側のビショップもまた幽霊ビショップです．そのビショップはどのマスにいるのでしょうか？ それとも取られたのであれば，どのマスで取られたのでしょうか？」

38

幽霊ビショップの最高傑作

「私の話では」と4番目の出場者は言った.「幽霊ビショップは一つだけです. しかし, きわめて注目に値します.

白は1個のナイトを駒落ちしてゲームを始めました. 白はまだキングを動かしていません. 最初の位置で取られた駒はたかだか1個で, その駒は最初に取られた駒ではありません」

「黒のクイーン側のビショップが幽霊ビショップです. そのビショップは盤上にいるのでしょうか. それとも, 取られてしまったのでしょうか?」

*

最後の物語が満場一致で 1 番になった．満場一致というのは，ハールーン・アッラシードがただ一人の審査員であることを考えると驚くにあたらない．

第 V 部

魔法と神秘の物語

39

魔神の物語

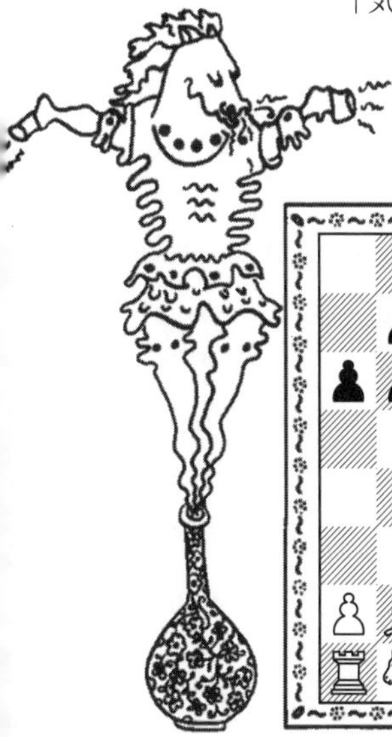

「気が変になってしまう.」ある日，ハールーンは宰相に言った.「戦場全体，すなわち，64 個

黒 13

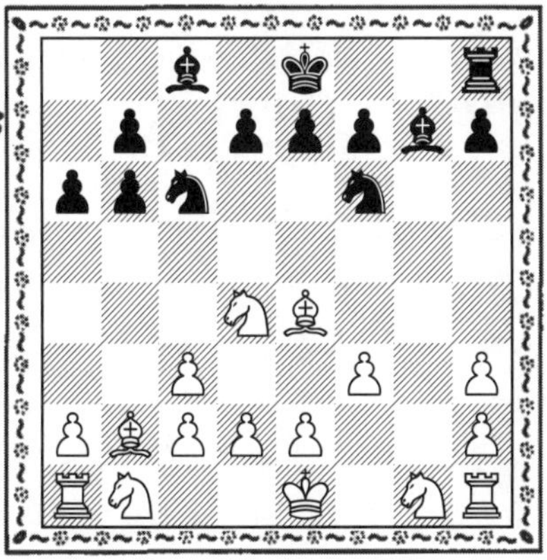

白 15
（残りの 1 個は魔神）

のマスをすべて旅してまわった．すると，戦場には白のナイトが三つあり，白のポーンが 8 個あった．こんなことはどうやっても起こりえぬぞ！」

「それは」と宰相は言った.「三つのナイトのうちの一つが魔神にちがいありません」

「なんだと？」

「魔神です」

「この世に魔神などというものがいるのか？」とハールーンは尋ねた．

「魔神が『この世のもの』かどうかは疑わしいですね」と宰相は笑った．「魔神は，純粋に霊的な存在で，物質的な形態を装う，あるいは，模倣するのです．幻みたいなものですね」

「魔神は幽霊の一種なのか？」とハールーンは尋ねた．

「とんでもない！ 幽霊とはまったく違います．むしろ，その正反対です．幽霊はそこに実際にいても見えません．魔神は目に見えますが，実際にはそこにいないのです」

「実際にはそこにいないのだとしたら，どうやって見ることができるのだ？」生真面目なハールーンが尋ねた．

「申し上げましたように，幻みたいなものなのです．魔神は純粋な魂であり，肉体をもつように**見える**のですが，実際にはそうではないのです」

ハールーンはしばらく考えてから，「どことなく気味が悪いな」と言った．

「おっしゃるとおりです」と宰相は答えた．

ハールーンはもう少し考えてから，「まったく薄気味悪い！」と言った．

「ええ」と宰相は相槌をうった．

ハールーンはさらに考えて，「その三つの白のナイトのうち，一つが幽霊だと言うのだな？」

「**幽霊**ではありません．」少し苛立った宰相は答えた．「魔神です．幽霊だとしたら目に見えません．思い出してください．そこにある何かを見逃したのではありません．そこにない何かが見えているのです．したがって，それは幽霊ではなく魔神です」

「すべてが不気味なのだな」とハールーンは言った．

「ええ」とげんなりしながら宰相は頷いた．

「それで，白のナイトの一つが魔神だと？」とハールーンは言った．

「まったくもって，そのとおりでございます！」

「どうやってそれが魔神だと分かる？」とハールーンは尋ねた．

「それが唯一の合理的な科学的説明だからです．それ以外にその状況は起こりえません．ご覧になったように盤上に白のポーンが8個あるので，昇格した白のナイトはありえません．それゆえ，三つの白のナイトのうち一つは実在しないのです」

ハールーンはこのことについて考えていたが，突然，妙案を思いついた．「どうして8個の白のポーンのうちの一つが魔神でないとわかるのだ？」

「そのようなことはありえません」と宰相は答えた．「魔神はとても俗物的でエリート意識が高く，けっして下っ端のポーンに身をやつしたりはしないのです」

「なんと」とハールーンは言った．「何もかも気に入らん．私の国に魔神がいるのは面白くない」

「私もです」と宰相は言った．

「魔神を消し去る方法はないのか？」とハールーンは尋ねた．

「あります」と宰相は答えた．「魔神分解粉という薬を使うのです．それを魔神の顔に投げつけると，魔神はおとなしく何も言わずに消え去ります．しかし，それを実在する者に投げつけてしまうと，その者はたちどころに死んでしまいます」

「あまり役に立たんな」とハールーンは答えた．「三つのナイトのうち，どれが魔神か分からんのだから！」

「まさに問題はそこです」と宰相は言った．

「どのナイトが魔神であるか**推論**しなければならないということか？」

「魔神を追い払いたいのであれば，そのとおりです」

「どうやって推論するのだ？」とハールーンは尋ねた．

「黒が入城できるかどうかをご存知ですか？」と宰相は言った．

「もちろん」とハールーンは言った．「黒は入城できる」

「ああ」と宰相は残念そうに言った．「そうすると，この先，白が入城できさえすれば，この問題は解けるのですが．しかし，白は入城できないのですよね」

「なぜそのようなことを聞く？」驚いたハールーンが尋ねた．

「陛下は王国全土を旅して回ったとおっしゃいました．そのためには動かなければならなかったでしょう」

「いや，そうではない」とハールーンは言った．「私はじきじきに全土を回ったのではない．そうするにはあまりにも骨が折れる！ 私は偵察を派遣したのだ」

「そうすると，動いたことはおありでない？」と宰相は尋ねた．

「一度たりとも」とハールーンは答えた．

「神の思し召しか」と宰相は言った．「これで，どのナイトが魔神か分かります」

さて，どのナイトが魔神だろうか？

40

魔神の物語 II

「見事な証明であった.」ハールーンは，どのナイトが魔神であるかを示したばかりの宰相に言った.「実に見事だ」とハールーンは鷹揚に付け加えた.「その貴重な働きに対して，靴を 1 足買ってやろう」

「感謝いたします」と宰相はきわめて落ち着いて答えた.

「それでは」とハールーンは言った.「その粉をもってこい. 私が魔神を消してやろう」

「私はそのような粉などもっておりません」と宰相は答えた.

「なんだと？」とハールーンは激怒して叫んだ.「私をずっと騙していたというのか？」

「騙してなどおりません.」宰相は赤くではなく少し青くなって弁明した.「私はそのような粉をもっていると主張したことはございません」

「何を言っておる」とハールーンは大声をあげた.「私が魔神を消し去る方法があるかと尋ねたとき，お前が『魔神分解粉を使えばよい』と答えたのをはっきりと憶えておるぞ」

「たしかに，私はそう申し上げましたし，私の申し上げたことに間違いはありません. 魔神を消し去る唯一の方法は，魔神分解粉を使うことです. しかし，だからといって私自身がそのような粉をもっているということにはなりません」

「けしからん」とハールーンは怒鳴った.「靴はもうやらん！ 万事がなんと苛立たしいことか. どのナイトが魔神であるか分かるが，魔神分解粉がないばかりに，それを消し去ることはできないとは！ どうすればよいというのだ？」

「魔神分解粉を探してみましょう」と宰相が進言した.

「それはどこで見つかるのだ？」

「皆目見当がつきません」と宰相は答えた．そこで，二人は市場に行き，まず雑貨屋に入った.「魔神分解粉はあるか？」ハールーンは店主に尋ねた.「いえ，置いていません」との答えが返ってきた.「この恥知らずを処刑せよ！」とハールーンは叫んだ．二人は次の店に行き，ハールーンは「魔神分解粉はあるか？」と尋ねた.「魔神分解粉ですか．聞いたこともありません」「この恥知らずを処刑せよ！」とハールーンは言った．そして，二人は数千もの店を次から次へと回って尋ねたが，どの店にも魔神分解粉はなかった．店主の多くはそのような物質を聞いたことさえなかったし，聞いたことのある店主でも在庫はなかった.「全員処刑だ！」ハールーンは叫んだ．そして，数千人の店主全員が処刑を待つため地下牢に連れていかれた．幸いにも，ハールーンは何年かのちにすべての処刑宣告を撤回し，この世界の小売業界は通常に戻った.

「次はどうする？」とハールーンは尋ねた.

「魔神分解粉を探しに世界中を回らねばならないように思います」

「しかし，今はカジールと戦争中だ」とハールーンは答えた.

「おそらく，カジールも我々が戻ってくるまで停戦に合意するでしょう」と宰相は提言した.

運よく，ちょうどメディーアの魅力を再認識したばかりのカジールは，メディーアとさらに多くの時間を過ごすことができるので一時的な停戦を喜んで受け入れてくれた．そこで，ハールーンと宰相は，魔神分解粉を探してこの世界を旅して回った.「どちらに行けばよいか？ どこを見ればよいか？」とハールーンは尋ねた.

「あてどなく旅をして回ってはどうでしょう」と宰相は答えた.

「中国の知恵が書かれたいにしえの本に，目的を達成する最善の方法は，ときにはその目的を忘れて『努力しない』ことだとあります.

もしかすると，思いがけず魔神分解粉が見つかるかもしれません」

「期待できんな！」とハールーンはぼやいた．それでも，ほかによい案はなかったので，ハールーンと宰相はあてどなく旅をして回った．何週間かが過ぎ，そして何ヶ月かが過ぎたが，それでも魔神分解粉は見つからなかった．ある日，疲れ果ててほとんど諦めかけていた二人は，中国の世捨て人の住む小屋に出くわした．世捨て人の簡単だがおいしい食事とシナモン入りの果実酒で二人は元気を取り戻したのち，世捨て人はこう言った．「あなたがたには悲壮感が漂っています．何があったのでしょう？」

ハールーンは今回の話を最初から話した．すなわち，消し去るべき魔神が戦いの場に現れ，どこにその魔神がいるか分かったが，魔神分解粉がなければなす術がないことを．

「運命のめぐり合わせか」と世捨て人は答えた．「お力になれると思いますよ」

「本当か？」ハールーンはそう言って，喜びのあまり飛び上がった．「魔神分解粉をもっているのか？ どこにある？」

「いいえ」と世捨て人は答えた．「残念ながら，私自身はそのような粉をもっておりません．しかし，ここから数千マイルしか離れていないところに住んでいる仲間の世捨て人のところにご案内しましょう．彼こそあなたがたがお望みの人物に違いありません」

二人は注意深くその仲間の世捨て人の住所を書き留めると，翌朝，彼を訪ねるために出発した．何ヶ月かのち，もうこれまでになくヘトヘトになりながら，二人はこの仲間の世捨て人を見つけた．そして，彼の簡単だがおいしい食事とシナモン入りの果実酒で元気を取り戻した．

「さっそくだが」とハールーンはぶしつけに問いただした．「魔神分解粉をもっていることは分かっておるのだ」

「天の思し召しか！」と世捨て人は答えた．

「なんと？ 本当に魔神分解粉をもっているのか？」ハールーンは大声を出し，はやる思いで立ち上がった．「どこにあるのだ？」

「お座りください」と世捨て人は言った．「そして，落ち着いてください！ 私は魔神分解粉をもっておりません．しかし，それを手に入れる手助けをすることはできます．まずは私の話をお聞きください．

7年前，私はなに不自由のない商人でした．ある日，バザール（街頭市場）で魔神分解粉を見つけるための地図を私に売ろうとする見知らぬ男に遭いました．この世には魔神分解粉はもうそれしかないと言うのです．『しかし，魔神分解粉を手に入れてどうしろと言うのだ？』私は信じられない面持ちで声を荒らげました．『私には消し去りたい魔神などいないぞ』『いやいや』とその見知らぬ男は大声で言いました．『とにかくこれを買うのだ．私は預言者だ．そして，今ここでこれを買えば，無敵の君主が7年以内に7倍の値段で買い戻してくれることを請け合おう』

その地図の値段は，私の全財産とほぼ同じであることが分かりました！ そして，この話全体が馬鹿げているという印象を受けたと断言できます．それでも私の判断を上回るなんらかの力によって，私はこの奇妙な買い物をすることになりました．そこで私は全財産を金に換え，それをその見知らぬ男に渡して地図を受け取りました．無一文になった私は，世捨て人として7年間を過ごしました．そこに，あなたがたが魔神分解粉について尋ねてきたのです．この地図を私から買いたい無敵の君主をご存知なのですか？」

「私がその君主だ」とハールーンが立ち上がって言った．「私はハールーン・アッラシード，信仰厚き者たちの統治者である．そして，その地図がたしかに我々を魔神分解粉に導いてくれるならば，実際にお前が言うだけの金額を支払ってやろう」

こうして，ハールーンと宰相は地図を持ち帰り，人々の大いなる祝福で迎えられた．ハールーンの個人的な書斎で，二人は地図を詳細に調べた．その地図は，古いチェスの局面図を用いて詳細に示されていた．その図の下には次のような説明があった．

> いずれのキングもクイーンも動いたことはない．魔神分解粉は白のキング側のルークとともに埋められている．

白のキング側のルークが取られたマスを突き止めることさえできれ

黒 15

白 14

ば，この文が言わんとすることは明らかであろう．二人は難なくそのマスを見つけた．あなたは見つけることができるだろうか？

彼らは地図を掘り起こすための遠征隊をすぐさま編成し，適切なマスを掘り起こして予想通り古い白のルークを見つけ出した．その廃墟の中で，魔神分解粉の容器が見つかった．そして，彼らは魔神が化けたナイトのいるマスに直行し，その顔めがけて魔神分解粉を投げつけた．すると，魔神はおとなしく何も言わずに消え去った．

41

目立たない魔神の物語

それから長い年月が経ち，ハールーンと宰相は歳をとり髪も白くなった．ある日，二人はこれまでの冒険について

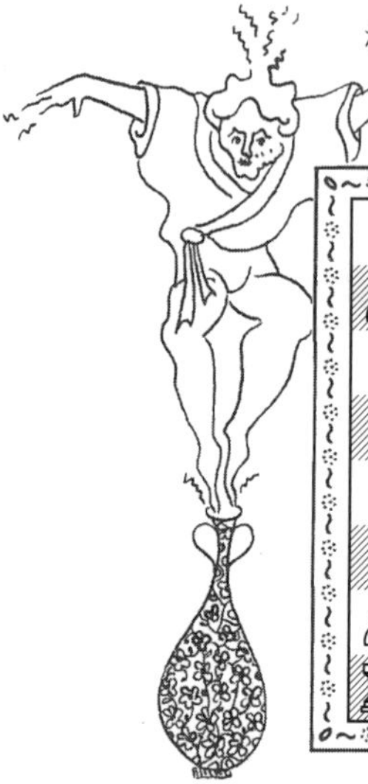

黒 13 か 14

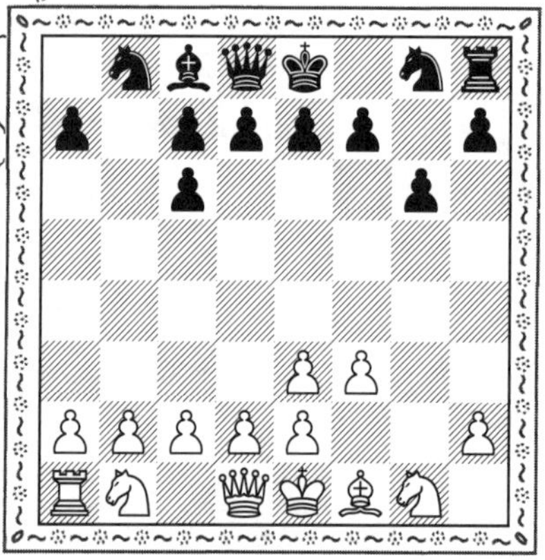

白 13 か 14

思い起こしていた．

「魔神が化けたナイトを，そして，それを追い払うためにどれだけ苦労したかを憶えておるか？」とハールーンは尋ねた．

「もちろんです」と宰相は答えた．

「教えてくれ」とハールーンは尋ねた．「魔神はいつもナイトの姿をしているのか？」

「そんなことはありません！ ポーンを除けば，どんな姿にでも化けることができます」

「過去の記録には，ほかにも魔神が現れた事例はあるのか？」

「ございます」と宰相は答えた.「200 年ほど前，そのような局面がありました. いずれのキングもクイーンも動いたことはなく，それらに相手の駒が利いたこともありません. このとき，ポーン以外の駒の一つは魔神で，この盤上にあるべきではありません.

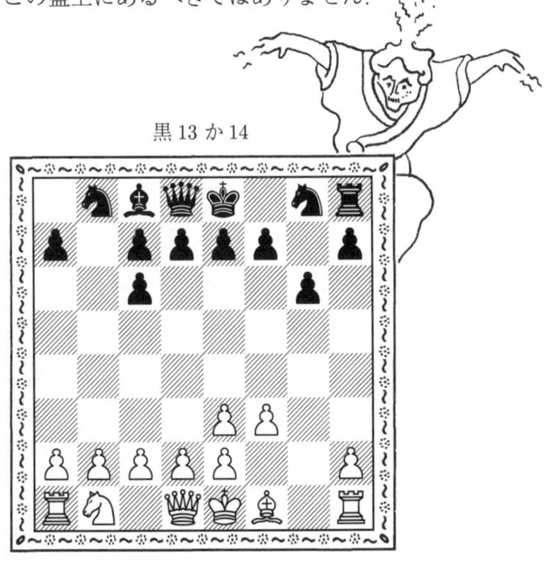

白 13 か 14

それはどの駒でしょうか？」

＊＊＊

「その 50 年ほどあとに」と宰相は続けた.「上のような局面でまた魔神が現れました」

「今度は，いずれのキングも動いたことはなく，いずれのクイーンにも相手の駒が利いたことはありません. このとき，魔神はどこにいるでしょうか？」

42

また別の魔神の物語

ある日，ハールーンは史官から次のような連絡を受けた．「突然どこからともなく白のビショップが現れるのを見ま

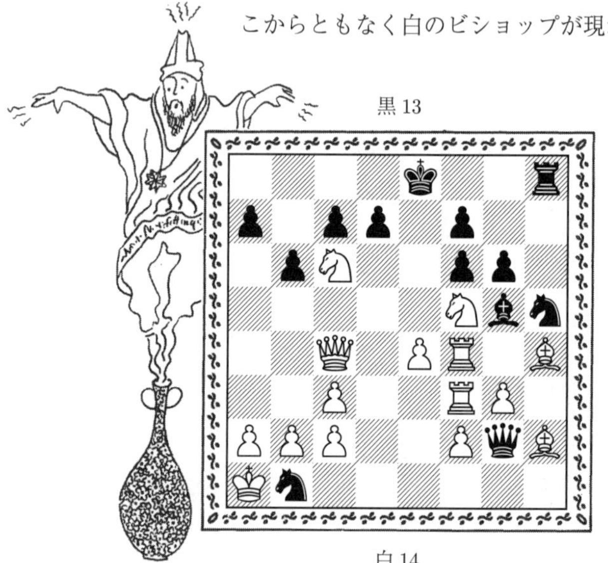

白 14
（残りの 1 個は魔神）

した．それは魔神に違いありません！ このことはお耳に入れておいたほうがよいと考えました」

「それはどのマスであったか？」とハールーンは返信した．

返事は「黒いマスです」というものだった．

「そんなことは分かっておる！」とハールーンは返信した．「しかし，どの黒いマスなのだ？」

「憶えておりません」と返事がきた.「私がうっかり者であることはご存知でしょう！」

「あの史官にはもううんざりだ！」ハールーンは宰相に叫んだ.「h2とh4にいるビショップの一方は魔神だ. 史官はそいつが現れるのを見たが, それがどこかを忘れてしまっている！」

「図を描いていただけますか？」と宰相は答えた.

「できあがっておる！ 問題なのは, もう魔神分解粉がないことだ！」どうすることもできずにハールーンは叫んだ.

「魔神分解粉のことはお忘れください！」と宰相は答えた.「差し迫ってもっと重要なことがあります. それは, 軍事的なことです！ もし一方のビショップが魔神であれば, このゲームはあと2手で勝てるのです！ しかし, もう一方が魔神であれば, 事態は絶望的です！」

「どちらが魔神であるかを決める方法はないのか？」とハールーンは尋ねた.

「局面からは決められません」と宰相は答えた.「しかしながら, 精霊探知器と呼ばれる素晴らしい道具を手に入れました. これは, 私たちに地図をくれた世捨て人が発明したものです. それぞれのビショップを別個に検査して, どちらが魔神であるかを突き止めましょう. 魔神であると期待するほうのビショップが魔神ならば, 適切な手を指してあと2手で勝つことができます」

彼らはビショップの検査を進めた. ハールーン・アッラシードの王国の歴史にとって幸運なことに, 魔神であると期待したほうのビショップが実際に魔神であった. その結果, 白はこのゲームに2手で勝った.

そこで, 問題は次のとおりである. 白が2手で確実に勝てるために実在してはならないのは, h2とh4にある2個のビショップのうちのどちらだろうか？

43

変身させられたビショップの物語

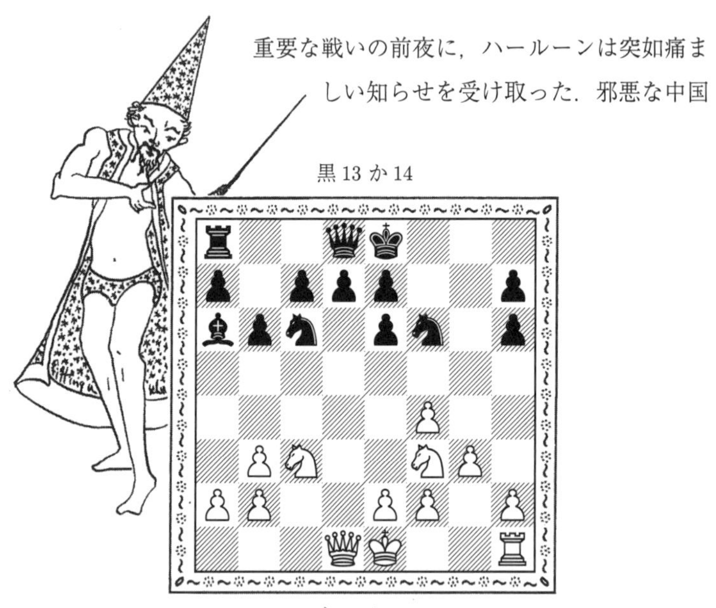

黒 13 か 14

白 13 か 14

重要な戦いの前夜に，ハールーンは突如痛ましい知らせを受け取った．邪悪な中国の魔法使いが白のビショップの一つを動物（馬／ナイト）に変えたというのだ．

したがって，c3, c6, f6, f3 にいる馬／ナイトのうちの一つは，本当は魔法で姿を変えられた白のビショップである．もちろん，ハールーンはそのビショップを救おうとした．しかしながら，相談しようにも宰相はそばにいなかった．宰相は捕らえられたか，あるいはその 4 頭の動物のうちの 1 頭であったからである．そうすると，ハールーンには何ができるだろうか？

このとき，女王メディーアが今回だけはハールーンの手助けに来ることを申し出た．メディーアは魔法の技に精通していた．「ここに」とメディーアは言った．「魔法薬があります．動物に変えられたビショップにこれを与えれば，たちどころに元の姿に戻るでしょう」

「もしまちがった動物に与えてしまったら？」とハールーンは尋ねた．

「その場合には何も起こりません」

「それでは」とハールーンは言った．「行うべきことは論理的かつ自明である．4頭の動物のどれが姿を変えられたビショップか分からぬのだから，ビショップが見つかるまでその薬を順番に与えてみるだけだ」

「それはできません」とメディーアは言った．「魔法薬は1回分しかありません．したがって，姿を変えられたビショップがどれか分からなければ，手助けすることはできません．正確にいえば，助けることのできる確率は4分の1です」

「魔法薬はもっと手に入らぬのか？」とハールーンは尋ねた．

「おそらく無理です」と女王は答えた．「これは運よく手に入ったものですから」

「どこで手に入れた？」とハールーンは尋ねた．

「日本の魔法使いから」とメディーアは答えた．

問題はきわめて絶望的のように思われたが，メディーアは彼女もその夫も動いたことがないという情報を提供してくれた．「それは興味深い」とハールーンは言った．「それに，妻も私も動いたことはないのだ」

したがって，いずれのキングもクイーンもまだ動いていないことになる．この情報があれば，どのナイトが姿を変えられたビショップか分かるだろうか？　ハールーンとメディーアは，知恵を出し合って正しい答えにたどりついた．

4頭の馬のうち，どれが本当は白のビショップだろうか？

44

魔法の馬の物語

ある夜，ハールーン・アッラシードはメディーアの寝室にいるところを見つかった．もちろんこれをカジールが許すわけ

黒 15

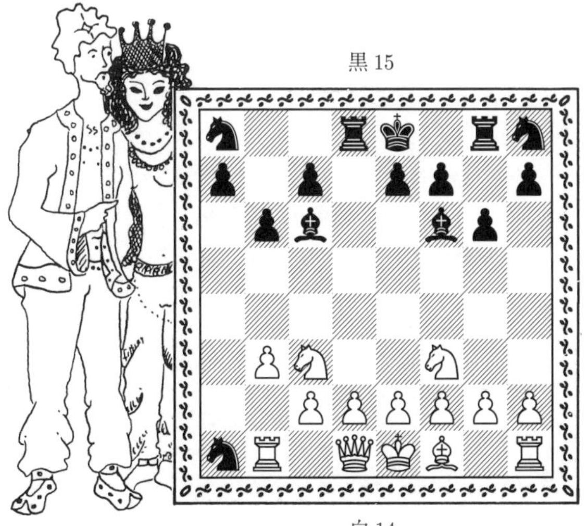

白 14

がない．正確には，二人は不名誉な状況を見られたわけではない．それにもかかわらず，ハールーンとメディーアの二人だけでいるところを見つかったという事実が，疑われる決定的な根拠であった．

そこで，裁判が開かれ，全廷臣が召集された．ハールーンは2枚の折りたたまれた紙の置かれた机の前に座らされた．

「運命の女神が有罪かどうかを決めるだろう」とカジールは言った．

「一方の紙にはハートが，もう一方の紙には剣が描かれている．どちらか一方を選ぶのだ．ハートを選べば自由の身となり，メディーアを連れていってもかまわぬ．剣を選べば死が与えられよう．どちらになるかは運命の女神次第だ！」

このとき，ハールーンにはカジールがどれほど卑劣であるか分かっていた．ハールーンは，カジールが運任せにしないこと，とくに色っぽいメディーアを手放す危険を冒しはしないことを分かっていた！ カジールが間違いなくやった（とハールーンが推測した）ことは，両方の紙に剣を描くことであった．そうすると，ハールーンには何ができるだろうか？ ハールーンは一方の紙を選ばなければならないが，それには確実に剣が描かれているだろう．しかし，そのあとにもう一方の紙を開いてそれにハートが描かれているのを確認するように要求はできない．それはカジールの言葉を疑うのも同然だからである．そして，カジールの言葉を疑うことも，また死をもって罰せられる罪であった．

それでは，ハールーンはどうしたのか？ 突如，ハールーンにうまい考えが閃いた！ ハールーンは2枚の紙の一方を手にとると，それを細かく引き裂いて飲み込み，こう言った．「これが私の選んだ紙だ．もう一方を開いてみれば，私の選んだ紙が何であったか分かるだろう」

すでに述べたように，ハールーンは賢かった．しかしそれでもまだ足りなかった！ カジールは，ハールーンがまさにそのようにするであろうと予期していた．そこでカジールは両方の紙にハートを描いていたのである！ そうすると，もう一方の紙を開くとハートが描かれており，これでハールーンが剣を選んだことの証明に裁判官が疑念をはさむ余地はなかった．

こうしてハールーンは死刑囚になった．しかしながら，カジールは言った．「この国では，死刑囚には3分の1の確率で助かる機会がつねに与えられる．この特権はお前にも適用される．お前は3頭の黒い馬の中から1頭を選ばねばならぬ」

「3頭の黒い馬のうち，もっとも新しい1頭は魔法をかけられた馬で，残りの2頭は普通の馬である．選んだ馬にまたがると，その馬はお前を砂漠に連れていく．もし普通の馬のうちの1頭を選んだならば，けっして砂漠から抜け出すことはできず，お前とその馬は死に至るだろう．しかし，魔法をかけられた馬を選んだならば，砂漠の旅路のある時点で，突如その馬に羽が生えて空に舞い上がり，家まで安全に運んでくれるだろう．選べ，ハールーン．うまく選べればよいがな！」

カジールはこのように言った．ハールーンはこの問題を慎重に検討した．あきらかに，この局面において「馬」はナイトであり，「もっとも新しい」馬はおそらく「昇格した」ナイトだろう！ したがって，問題は，3個の黒のナイトのうちどれが昇格したナイトかを決めることである．ハールーンはその答えを直接憶えてはいなかった．しかし，重要な二つのことを憶えていた．それは，昇格した**白**の駒が今は盤上にないことと，b3にあるポーンはb2から来たということである．このことから，ハールーンはどれが昇格したナイトであるかを導き出した．

ハールーンはそれに従って選んだ馬にまたがると，その馬はカジールの言葉通りハールーンを砂漠に連れていった．時間が経つにつれて，馬の歩みは徐々にゆっくりになっていった．そうこうするうちに，ハールーンは自分の推論は間違っていたのではないかと心配になりはじめた．だがそのとき，馬に羽が生えて空に舞い上がると，ハールーンを家まで安全に送り届けた．

ハールーンはどの馬を選んだのだろうか？

＊＊＊＊

この物語の別の筋書きによれば，局面はこの図のようになっていた．そして，盤上にあるすべての白の駒は元からあった駒であり，白のキングは動いたことがないという条件がつけられていた．

この場合には，ハールーンはどの馬を選ぶべきだろうか？

黒 15

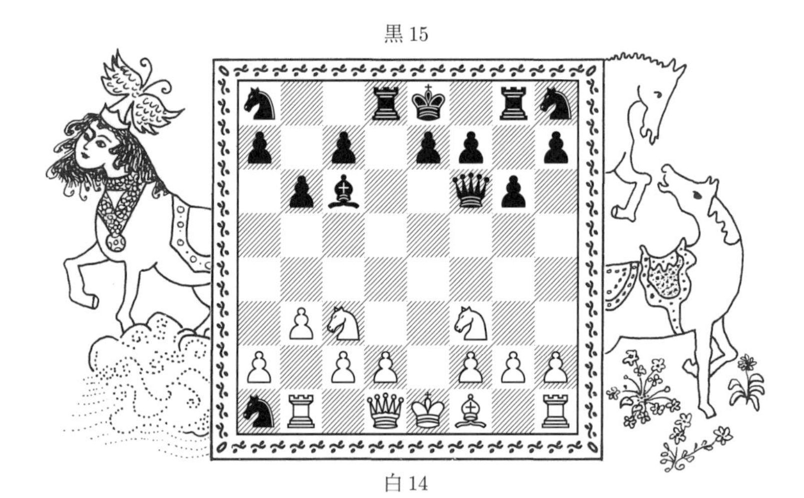

白 14

第 VI 部

アメリアの物語

45

疑惑の女王の事件

ハールーンは戦争（もしくは長期休暇であったかもしれないが，そのいずれであったかは忘れた）から戻ってきたばかりで，最愛の女王に長い間会っていなかった．ハールーンが帰国を，とくにハーレムでの最初の夜をどれほど楽しみにしていたかについて立ち入ることはしない．その問題の夜の間に，ハールーンは最愛の者に微妙だが奇妙な変化が起きていると感じたことを述べるにとどめる．（あるいは，それはハールーンの気のせいだったのかもしれない．）女王が本当は別人かもしれないという考えがいつしかハールーンの中に生じ，それどころかハールーンにつきまとった．女王は，それを馬鹿げたことと即座に否定し，変わったのは**ハールーン**のほうで，その結果として彼女が変わったと思い込んでいるのだと言いきった．しかしながら，そのことを考えれば考えるほど，ハールーンは自分の直感が正しく，彼女が昇格したクイーン，すなわち，本当の女王の座を奪った偽者だと思わずにはいられなかった．ハールーンはやむにやまれず，ついにメッカにいる智者にこの問題を持ち込んだ．（ちなみにこの智者は宰相の変装で，このときは今でいう精神分析医に驚くほどそっくりであった.）

「それで」と智者は言った．「アメリア女王が変わったような気がすると？」

「それには二つの点で異議がある」とハールーンは言った．「一つには，『気がする』という言葉を使って問題をはぐらかしている」

「私は論理や言葉遊びに持ち込んでいるのではありません」と智者はさえぎった．「私は信頼できる客観的な心理学的事実を扱うだけです」

「もう一つは」と，智者の割り込みを無視してハールーンは言った．「私は，アメリアが変わったとは考えていない．アメリアは捕らえられたに違いない．そして，アメリアの身に何が起こっているかは誰にも分からない！ そして，女王の座にいるのは別人，すなわち，昇格したクイーンに違いない．これとアメリア自身が変わったということには雲泥の差がある」

「言葉遊びはたくさんです！」と智者は言った．「あなたは，まさに心理学的問題を抱えている．そして，まったく意味的，論理的，言語的，哲学的に的外れなことに時間を費やすことを要求している！ さては，アメリアが変わったというあなたの懸念は無意識の**願望**かもしれないと気づいたのではありませんか？ おそらく，あなたはアメリアにかなり嫌気がさしていて，本当は別の女王を迎えたいと思っているのでは！」

「ばからしい！」とハールーンは声を荒らげた．

「やっぱりね！」と智者は勝ち誇ったように言った．「あなたのその怒りようこそが，私が正しいことを証明している！」

「ちがう！」とハールーンは言った．

「ちがいません」と智者は言った．

「ちがう」とハールーンは言った．

「ちがいません」と智者は言った．「いずれにしろ，女王が変わったという**客観的証拠**をおもちですか．そうでなければ，あなた自身の主観的な印象の問題でしかありませんよ？」

「客観的証拠はない」とハールーンは無念そうに同意した．「そして，だからこそ厄介なのだ！ 客観的証拠があれば，偽の女王を縛り首にすれば一件落着なのに！ **ここ**に来る必要もなかったであろう！」

「それでは話になりません．現在の女王が偽者だと確信されているのですか？」

「**間違いない**！」とハールーンは叫んだ．

「それではなぜ彼女を縛り首にしないのですか？」と智者は尋ねた．

「それは，私が**間違っている**かもしれないからだ！」とハールーンはうめくように言った．

「興味深い事例だ」と智者は言って，大きな茶色の手帳に「この嘆願する者は自分が正しいと**確信**しているが，自分は間違っているかもしれないと**心配**している」と書いた．

「分からぬのか？」とハールーンは叫んだ．

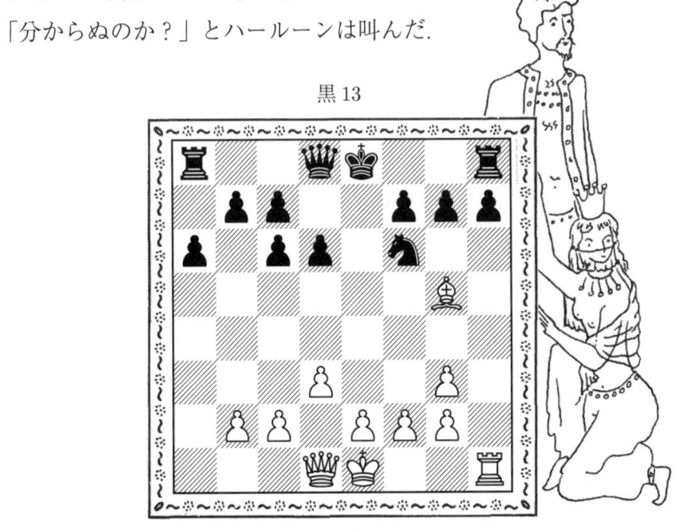

「私は超合理主義的な伝統の中で育てられた．私の家庭教師はギリシアの哲学者で，注意深く合理的な検証によって確認できなければ，どんなに強力な直観もまったく信頼できないとつねづね戒めていた．その家庭教師はよく『理性のない直感は南風と同じくらい気まぐれである』と言っていた」

「何が南風ほど気まぐれですと？」と智者は尋ねた．

「いや，分からん」とハールーンは疲れたように言った．

「非常に興味深い事例だ」と智者は繰り返し，大きな茶色の手帳に「この嘆願する者は直観と理性について典型的な分裂症的葛藤を露呈している」と書いた．

「何をすべきか分からぬが」とハールーンは言った．「史官に助言を求めてみるべきだろうか？」

「無理です」と智者は答えた．「史官はもはや役に立ちません」

「何だと？」ハールーンは寝椅子から立ち上がって叫んだ．

「駄目なのです」と智者は言った．「史官はかなり前にあらゆる俗事から完全に身を引いています．今では岩のように動かず，座して瞑想しているだけです．この世のいかなる力をもってしても彼を動かすことはできないでしょう」

「なんと」とハールーンは言った．「そんなひどいことに！ どうすればよい？」

「ええ」と智者は答えた．「なさねばならぬことは明らかです．あなたが史官になるのです！」

「できぬ」とハールーンは叫んだ．「これまで一日たりとも記録にとどめたことなどないのだ！」

「そうですか」と智者は微笑みながら答えた．「しかし，今こそやらねばなりません！ ハールーン，このゲームの経過について知っていることを教えてください」

「まったく何も！」とハールーンは言った．

「そんなはずはありません」と智者は答えた．「すべての事実を知っておいでですが，残念ながらそれは無意識下においてなのです．指されたすべての手の報告を受けたのではないのですか？」

「もちろん，これまでに指されたすべての手の報告を受けておる．このゲームのすべての手は報告されたが，それを一つとして憶えておらぬのだ」

「それこそが私の言いたかったことです」と智者は得意気に言った．

「あなたはその記憶をすべて抑え込んでいるのです！ いまこそ私の出番です．私の仕事は，このゲームで起きたことについて埋もれた記憶をすべて白日の下に晒す手伝いをすることです．その記憶のうち，あるものは幼少時にまで遡るかもしれません．期待しているのは，女王の座にいるのが本当は誰なのかを評価するために，客観的な根拠を与えるようなデータを十分に掘り起こすことです」

「どうすればよい？」あまり乗り気ではなさそうにハールーンが尋ねた．

「それはですね」と上機嫌に手を揉みながら智者は言った．「**自由連想法**として知られる素晴らしい新技術があるのです．あなたは単に寝椅子の上に横になり，心に浮かんだことを言うだけです．今の問題を解くために必要となる記憶に到達するまで，無意識の記憶が次から次へと浮かび上がってきます．これは何週間，何ヶ月，何年，何十年，あるいは一生涯をかけても終わらないかもしれませんが，おっしゃるように本当にアメリア女王を愛しておられるなら，この作業にひるむことなどないはずです」

そしてハールーンの精神分析が始まった．それは一生涯あるいは何十年，何年にはならず，二，三ヶ月しかかからなかった．そして，次のような関連する事実が明らかになった．(1) 白のキング側のナイトもクイーン側のナイトも 6 段目を越えて敵陣に進んだことはない．(2) 黒のキングとクイーンはいずれも動いたことはないし，それらに白の駒が利いたこともない．(3) 黒のキング側のナイトは一度しか動いていない．

これらの事実から，ハールーンの懸念が当たっているかどうかを**客観的**に導き出すことができる．

ハールーンの懸念は当たっているのだろうか？

46

どちらの女王？

ハールーンが，問題が解決できて高揚し，偽女王を縛り首にする（あるいはおそらく極上の娯楽を考案する）見通しが立って上機嫌で

黒 13

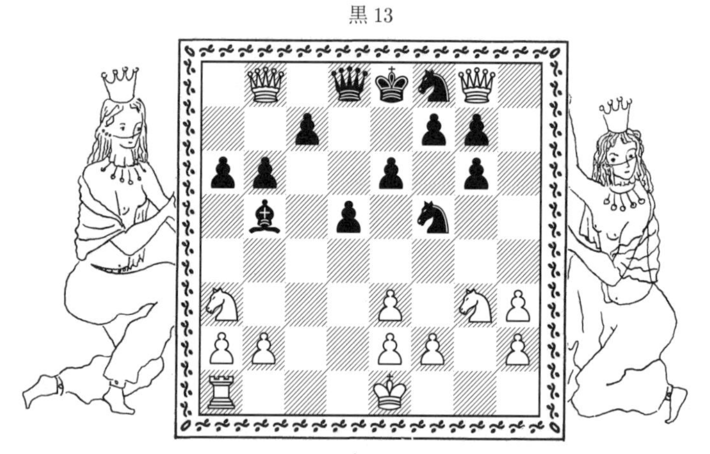

白 13

「精神分析」から帰ってきたとき[原注 1]，ほとんどすべてのことが変わっていた．結局のところ，ハールーンはこのゲームの過程において鍵となる事項や駒の配置について無意識下に知っていた事実を意識的

[原注 1] 厳密にいえば，ハールーンが不在であったことは，チェスの状況とは辻褄が合わないようにみえるかもしれない．しかし，ハールーンが軍事以外で出かけるときには彼の代わりになる王代行が指名されたことは憶えておくべきだろう．

に思い出すために時間をとられた．そして，その事実を白日の下に晒すだけでなく，それらを相互に関連づけ，関連推論を行うという作業もあった．これには予想よりも長い時間を要した．そうすると，案の定いろんなことが起こっていた！ 一つには，本物のアメリアが彼女を捕らえていた者の手をようやく逃れ（誘拐はされたが殺されはしなかった）戻っていた．そして，まったく新たな戦いが始まっていた．驚いたことに，盤上には白のクイーンが**2個**あったのである！

2個の白のクイーンのうちの一つはアメリアであり，もう一つは前問のようにまさしく偽者である．言うまでもなく，偽者はいつまでも執拗に偽りの女王の座にとどまりたいと考えている．そのうえ，彼女好みのハールーンを手放したくはなかった．彼女には，乱痴気騒ぎで豪勢な何日かの夜がこの上なく鮮明に思い出された．そしてもちろん，この偽女王はなりすましの術に非常に長けていて，本物のアメリアと実質的に区別できなかった．

ああ，かわいそうなアメリア！ 君主の意にかなうよう何年もの間あくせくと働いた，愛情深く働き者で献身的な妻は，ある日誘拐されて，ほかの男の欲望の奴隷として仕えるために故郷を離れることになってしまったのだ．気高い気質の彼女は毅然としてこれらすべてに耐えた．しかし，戻ってみると**本物**の女王だと主張するふしだらで恥知らずな若い女がいて，アメリアの生まれながらにもつ権利も，彼女が進んで仕えようとした男性も奪われるとは，これほど酷いことがあるだろうか！ 彼女の寛大な心は限界に達していた！

こうして，ハールーンは再び苦境に立たされた．どちらの女性をハーレムに連れていき，どちらの女性を絞首台に送るべきか？ 何ヶ月かに及んだ分析はすべて無駄になった！ そこで，目の前にあるこの問題を解くための事実を思い出すのを助けてもらおうと，ハールーンはメッカにいる智者のもとに戻った．

ハールーンが思い出した事実は次のとおりであった．

(1) 黒の初手は，ポーンをd7からd5に動かすことであった．
(2) 黒のキングとクイーンはいずれも動いたことがなく，白は入城することができる．
(3) 黒のポーンがd7を離れたあと，そのマスに入った駒はない．

さて，どちらのクイーンがアメリアだろうか？

47

新たな厄介事

再び幸せになったハールーンは，これから先の人生の指針となるであろう重要な知恵を身につけて戦いの現場に戻ってきた．し

黒 12

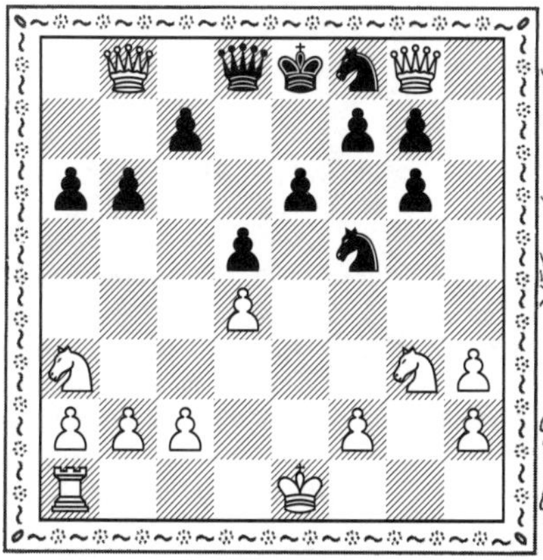

白 13

かし，なんたることか，この愚か者（これはハールーンのことだ）は実戦の世界から引き下がり思索の世界を漂いつづけている間にも物事は起きるということを忘れていたようであった．そしてこの時も，ハールーンが不在の間にまったく新たな戦いが始まっていた．それは多くの点で以前の戦いと似ていたが，完全に同じではなかった．またしても盤上には白のクイーンが 2 個あり，前問と同じ位置かもしれな

いが今度は入れ換わっているかもしれない．

またしても苦境に立たされたハールーンは，智者に相談するためにメッカに戻らなければならなかった．しかし今度は，もう少しうまくやろうと心に決めていた．ハールーンは，彼が不在の間に女王だけでなく白の臣民が一切動くことのないよう，これまでになく厳しい命令を残したのである．

智者の助言を求めたハールーンのメッカへの巡礼によって，ゲームの経過に関して次のような事実が浮き彫りになった．

(1) このゲームは次のような初手で始まった．白の初手はd2からd4にポーンを動かすことであった．これに対して，黒はd7のポーンをd5に動かした．
(2) 黒のキングとクイーンはいずれも動いたことがなく，白は入城することができる．
(3) d7とe2のマスは，いずれもポーンが出ていったあと，ほかの駒が入ったり通過したりしたことはない．

白のクイーンのどちらがアメリアだろうか？

48

アメリアの救出

自身の王国に戻ったハールーンは，またしても事態はまったく違った状況にあることを知った．

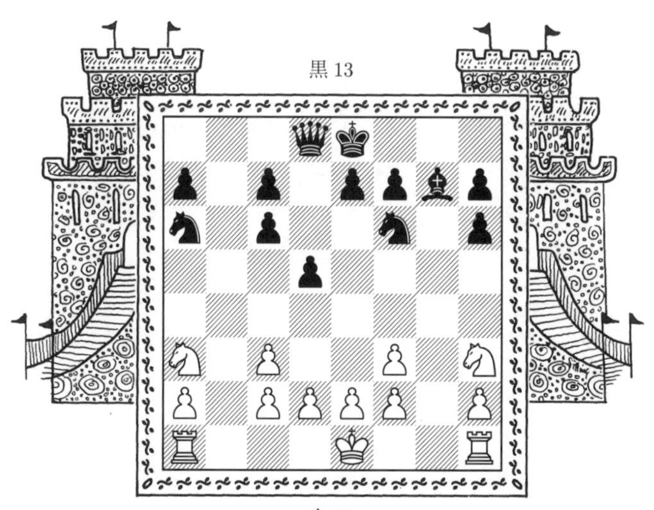

実際，戦いの場には白のクイーンが一つもなかったのである！ ハールーンは，動いてはいけないという彼の厳命は黒の軍団には効力がないことを忘れていた．黒の軍団はあっという間に攻め入って，動くことのできない白の軍を滅ぼしてしまった．その結果，白の軍はハールーンのせいで負けを喫し，彼の不在の間に次の戦いが始まっていた．

もっとも忠実な家臣の一人が，ハールーンが不在の間に何が起こったかを報告した．偽の女王の行方については何も分かっていないようであった．最初の戦いでは，偽の女王は殺されたか捕虜になったか，そうでなければただ人知れず去った．しかしながら，進行中の戦いでは，突然の予期せぬ黒の軍団の襲撃の間に，アメリアは黒のルークに生け捕りにされた．アメリアが捕らえられたのはキング側のルークかクイーン側のルークかは分からないし，伝えられてもいない．しかし，アメリアはルークに監禁されていて，まだそこにいる．黒のルークはいずれも（戦いの場にないことから読者にも分かるように）それ自体がそのあとで白に捕らえられた．

さて，ルークは捕らえられると，その地点に埋められるか，（チェス盤での対戦と同じように）戦いの場からいずれかの辺境部分に運ばれた．では，いかにしてルークを運ぶのか？ よい質問である！ ルークを運ぶ方法は2通りある．それは，(1) 人力と (2) 魔法である．人力はあまり費用はかからないが骨が折れる．魔法は快適であるが高くつく．このゲームでは，二つの黒のルークは実際には魔法で運ばれた．キング側のルークは東の辺境に運ばれ，クイーン側のルークは西の辺境に運ばれた．もちろん，アメリアはそのうちの一方に囚われている．ハールーンは愛するアメリアがどちらのルークに囚われているかを調べて彼女の解放を交渉するために，とにかく都合をつけてそれぞれのルークへの旅に取りかかる計画を立てた．なんと皮肉なことか，宰相の情熱的な『美女と騎士の物語』を歯がゆく感じ，感傷的すぎると考えたハールーン自身がまさにそれと同じ立場におかれることになるとは！ アメリアを救出するには間違いなくすぐに旅立たなければならない．出発までにそれほど時間をかけてはいられないのだ．

まさにそのとき，従者がものすごい勢いで宮廷に飛び込んできて，その場にいた全員を驚かせた．従者はハールーンに駆け寄って息を切らしながら「陛下」と言うと，その足元で意識を失くした．宮廷全体が，従者の意識を回復させるための努力を惜しまなかった．彼らができるだけのことをしたとき，従者が跳び起きてこう続けた．「陛下，とてつもなく重要な知らせをお持ちしました．時間がありません！」そして，あまりの感情の高まりに再び意識を失くした．それから従者は再び意識を取り戻し，こう続けた．「黒の王が，陛下にとってこの上なく重要な布告を出しました．それは，ハールーン・アッラシード夫人に関することです．黒の王は，彼女の道徳的な説教によって城全体が混乱に陥れられたと感じているようです．そこで，黒の王は彼女を明朝6時までに処刑するよう命じたのです.」ここで従者はまた意識を失くし，そして今度は意識を戻そうとするいかなる努力も酬われなかった．

ハールーンはすぐにでも愛する人を救いに出発しなければならないことを知り，立ち上がった．おそらく，明日の夜明けまでに両方のルークにたどり着くことはできないだろう．したがって，ハールーンは東に進むか西に進むかを1時間以内に決めなければならない．メッカに助言を求めに行く時間はなかったので，ハールーンは自身で決断しなければならない！ この世界の歴史にとって幸運なことに，ハールーンはもはや智者に頼らなくてもよい心理状態に達していた．(ハールーンがアメリアを救い出せなかったとしたら，この世界もきわめて違うものになっていたであろう.）そこでハールーンは，落ち着いて状況を見定め，ゲームの経過に関連するすべての情報を集め，半時間のうちに貞淑なアメリアの所在を導き出した．そして，ハールーンは正しい方角に部隊を派遣した．

答えに関係するゲームの経過についての情報は，盤上に残ったキングやクイーンはいずれも動いていないということだけである．そして，すでにご存知のように，白のクイーンは黒のルークに取られた．このとき，それはどちら側のルークだろうか？ これが問題である．

49

森での冒険

ハールーンが黒の王の城に着いたとき，古くからの敵と遭遇した黒の王は嬉し涙を流してハールーンを抱きしめた．「ハールーンよ，貴殿に会えて私がどれほど喜んでいるか分かるまい」と黒の王は涙ながらに言った．「ちょうどいいところに来た！ 予定どおりに貴殿のアメリアを本当に処刑してしまったら，我が民の心の中でアメリアは殉教者として永遠に生きつづけるのではないかと心配であった．そうなれば，アメリアの思いは我が民の良心を捉え，私の下からはあっという間に兵がいなくなってしまっただろう！ 貴殿のいとしい女を連れていってくれ．おまけに，私が選りすぐった女性を12人つけよう！」ハールーンは丁重に黒の王に礼を言い，アメリアは連れていくが，12人の女性についての申し出は，その類のことは今は考えられないと説明して断った．

そして，黒の王の宮殿でハールーンは酒と料理による最高のもてなしを受けた．盛大な晩餐会のあと，王族にふさわしいもてなしが始まった．カジールに仕えるもっとも名の通ったチェス名人がいくつかの素晴らしいチェス・プロブレムを即興で披露してハールーンに捧げ，二人の王のかりそめの友好を祝って，もてなしは幕を閉じた．（これらの問題は，付録 I（p.139）に収録した．）

この記念すべき夜の翌日，カジールが今度はハールーンを訪問すると約束し，ハールーンとアメリアはその地を発った．ハールーンとアメリアは故郷に向かってゆっくりと丸一日歩いた．その旅路は思ったよりもかなり長くかかりそうであった．そして，黄昏どきに，まだ故郷からかなり遠くにある見知らぬ森にいることに気づいた．そこで二人は白のルークに泊まることにした．ところが困ったことに，二人が**クイーン**側のルークに泊まることはできなかった．なぜなら，そこでは男性が見つかるとただちに処刑されるからである．また，キング側のルークに泊まることもできなかった．なぜなら，キング側のルークに住んでいるのは全員男性であり，そこにあえて入ろうとする女性は瞬く間に襲われるからである．

黒 13

白 14

しかしながら，この王家のカップルにとって幸運なことに，**第 3** のルークが目に入った．そのルークは作られたばかりで，王のものでも女王のものでもなく，ほかの二つのルークのような古くさいしきたりもなかった．簡単にいえば，それは**男女どちらでも泊まれる**ルークであり，そこでは王家のカップルならばもっとも手厚く迎えられ，もてなされるだろう．ここで問題は，3 個の白のルークのうち，どれがその理想郷であるかを決めることである．

ここで，いずれのキングも動いたことがないとしたら，3 個の白のルークのうち昇格した駒はどれだろうか？

50

命の水を求めて

昇格したルークでの天にも昇るような乱痴気騒ぎのあと，王と女王は朝に出発した．二人は夜には故郷に帰り着き，すべての臣民から歓喜の声で迎えられた．あちらこちらでチェスの問題が作られた．

真夜中近くになって，アメリアは腰のくびれあたりに奇妙な痛みを訴えはじめた．時が経つにつれて，その痛みはほかの部分にも広がりはじめ，熱も出てきた．朝には全身が病に冒され，熱は44度にまで上がり，昏睡状態になった．ハールーンは彼女を助けるために躍起になって王国の最高の医者を召集したが，誰も彼女の病気の原因を突き止められなかった．しかしついには，これがジャブジャブ病であることを東方から来た医者が突き止めた．ジャブジャブ病はジャブジャブ虫に噛まれるとかかる珍しい病気であった．このジャブジャブ虫は，アメリアが監禁されていた黒のキング側のルークの地下室にいることが知られていた．「どうすれば治る？」ハールーンははやる思いで尋ねた．答えは「医学での治療法は分かっていません」という悲観的なものだった．「しかしながら」とその医者は続けた．「**魔術**での治療法が知られていないわけではありません．偶然にも，私は医学だけでなく魔術でも学位をもっているので，手助けできるかもしれません」

「ご存知のように」と医者は続けた．「ジャブジャブ虫はその全身にジャブジャブの悪霊をまとっています．しかしながら，ジャブジャブにはフラブフラブという天敵がいます．フラブフラブも同じような霊ですが，つねにジャブジャブの行いを無に帰します．今すべきは，フラブフラブの霊を呼び出すことです」

そう言うと，医者は緑の液体が入った小さな薬瓶を取り出し，その中身を大理石の床に垂らした．たちまち濃い緑の煙が立ち昇ると，その中から不気味な緑の顔が現れて，不機嫌そうにハールーンを見た．「わしの眠りを邪魔するとは何事か？ 無敵の君主よ」とフラブフラブは尋ねた．ハールーンは片膝をついてこう言った．「高貴なるフラブフラブよ．そなたの敵ジャブジャブの力によって犠牲者が出た．そなたの賢明な助言の恩恵に与れなけれ

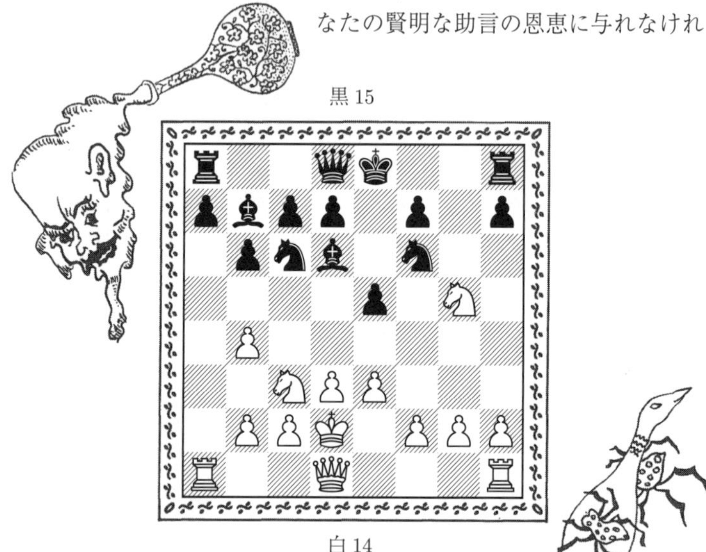

ば，その犠牲者はすぐに死んでしまうだろう．」フラブフラブは眉間にしわを寄せ，しばらく考えた．やがて，フラブフラブは言った．「煙が消えかけていて，あまり時間がない．心して聞け，信仰厚き者たちの統治者よ．盤上には今4個のルークがある．そのルークそれぞれの中央には黒い小さな円形の部屋がある．それぞれの部屋の中央には7匹の恐ろしい蜘蛛に守られた白い小さな薬瓶がある．その4本の薬瓶のうち，2本には命の水

がほんの数滴入っている．しかし，あとの 2 本には死の水が数滴入っている．命の水が入った 2 本の薬瓶を見つけるのだ．それらを合わせれば，アメリアを救うのに十分な量になる．しかし，どちらか一方，あるいは両方に死の水が入っていれば，まったく取り返しのつかない事態になる」

「それで，どのルークに命の水があるのだ？」決死の思いでハールーンは尋ねた．

その答えは「これまでに動いたことのないルークにある」という，あきらかに何の手助けにもならないものであった．

「分かった，分かった」とハールーンは叫んだ．「だが，まだ動いたことがない二つのルークはどれだ？」

煙は薄くなり，フラブフラブは消えていった．ハールーンがかすかに聞き取ることができたのは「黒の王は動いたことがなく，白の王は一度だけしか動いていない」という言葉だけであった．

つまり，黒のキングは動いたことがなく，白のキングは一度だけしか動いていない．4 個のルークのうちの 2 個は動いたことがなく，その 2 個のルークには命の水がある．その 2 個のルークはどれだろうか？

物語はこのあたりで終えるのがよいだろう．ハールーンは（宰相の助けを借りて）命の水を見つけることができ，それを持ち帰るとアメリアはたちどころに回復した．ハールーンとアメリアは末永く幸せに暮らしましたとさ．めでたし，めでたし．

ハールーンは最終的にカジールと非武装条約を締結し，それ以降，甲冑を脱がされないように悪ふざけをするナイトはいなくなった．

宰相はといえば，宝物庫にいた何人かの盗賊とともにハールーンを悩ませた（宰相はもっぱらいたずら心からそれを行った）あと，身を落ち着けて王家の立派な支持者となった．宰相はとくにハールーンとアメリアの孫たちのお気に入りで，私はその末弟である．小さい頃，私は宰相の膝の上に何時間も座って，この素敵なチェスの物語を聞いたものだ．幸運なことに，ずっと幼い頃に書くことを学び，読者に楽しんでもらえるために思い出せることをすべて記録していた．

すべての者に平安あれ！

付録 I

カジールの宮殿で作られた問題

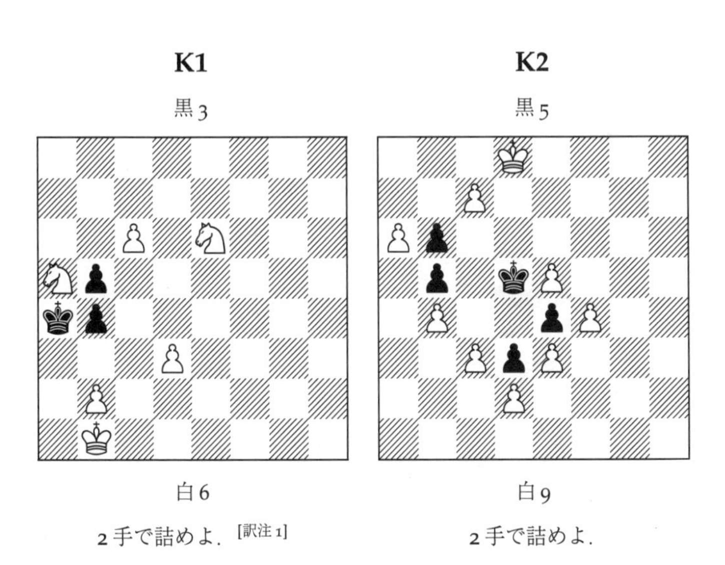

K1: 2 手で詰めよ.[訳注 1]

K2: 2 手で詰めよ.

[訳注 1] この問題では，白から指し始めて白の 2 手目でチェックメイトになるようにせよという設定である．もちろん黒はチェックメイトされないように抵抗する．ただし，詰将棋とは異なり，白の指す手は必ずしも王手である必要はない．

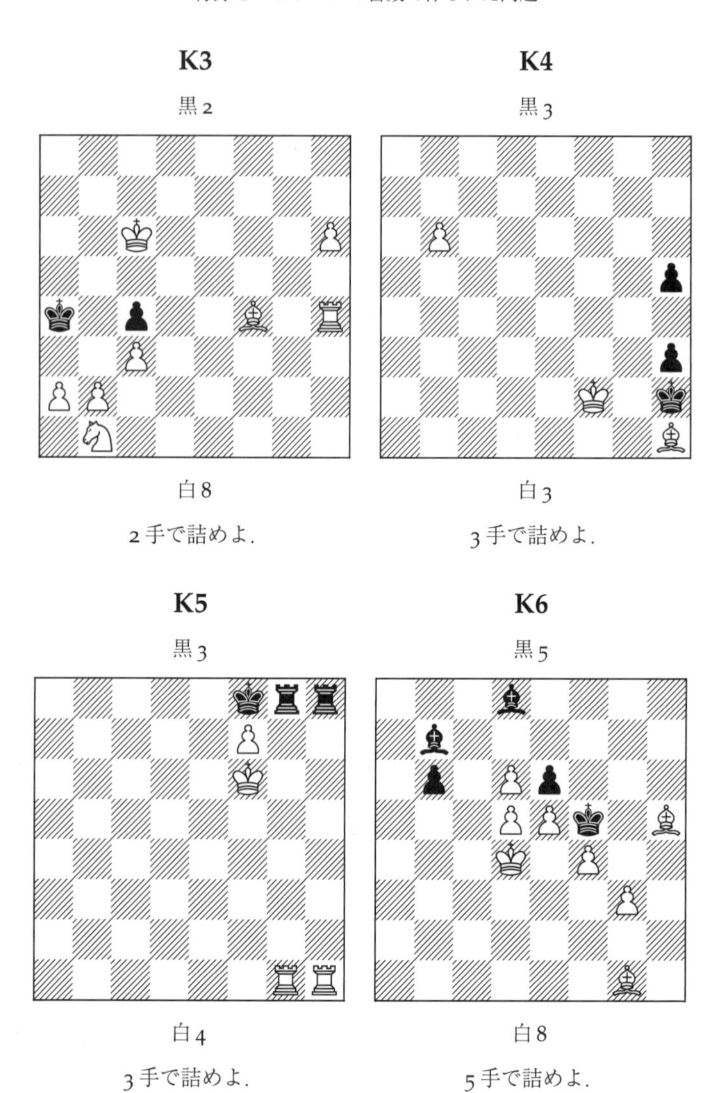
K3
黒 2
白 8
2 手で詰めよ．
K4
黒 3
白 3
3 手で詰めよ．
K5
黒 3
白 4
3 手で詰めよ．
K6
黒 5
白 8
5 手で詰めよ．

K7

黒 9

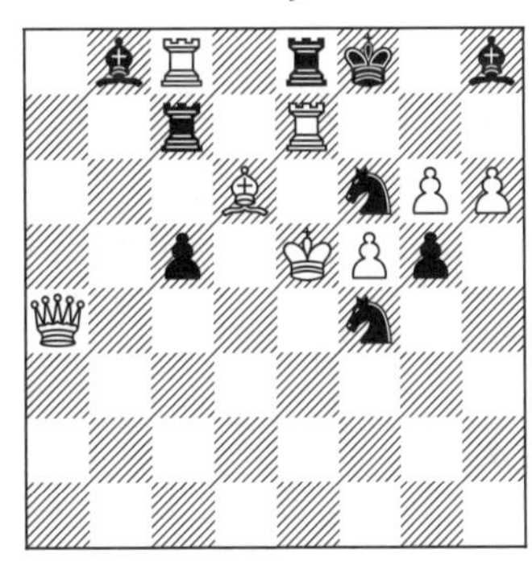

白 8

1. 2 手でセルフメイト[訳注 2] にせよ.
2. クイーンと g6 のポーンを取り除いた局面から，2 手でセルフメイトにせよ.

K8

黒 4

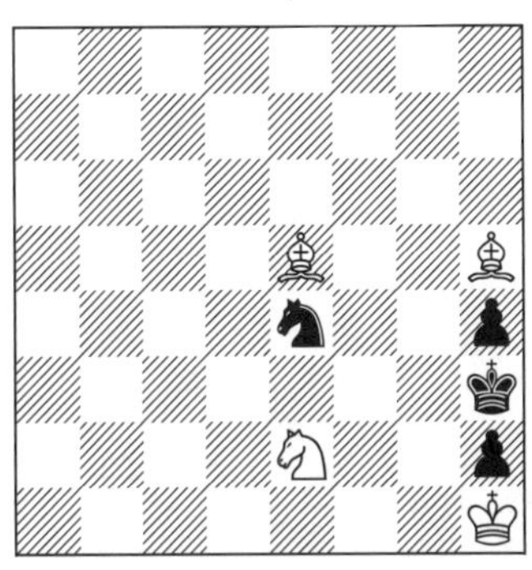

白 4

3 手でセルフメイトにせよ.

[訳注 2] セルフメイトは，白が指した手に対して黒がどう応手しても黒が勝ってしまうような手を見つけるのが目的である．この問題では，白から指し始めて，黒の 2 手目（以内）で必ずチェックメイトになるようにせよという設定である．もちろん黒はチェックメイトしないように抵抗する．

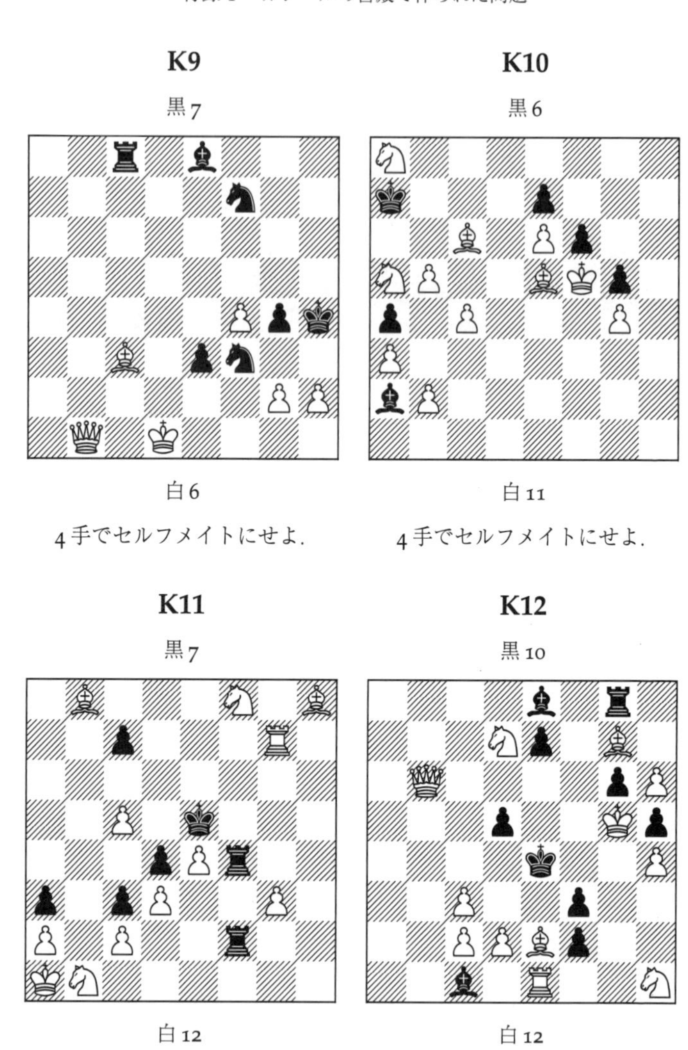

K9

黒 7

白 6

4 手でセルフメイトにせよ.

K10

黒 6

白 11

4 手でセルフメイトにせよ.

K11

黒 7

白 12

4 手でセルフメイトにせよ.

K12

黒 10

白 12

5 手でセルフメイトにせよ.

付録 II

解　答

1 • ハールーン・アッラシードはどこにいる？

次のように，どこに白のキングがあったとしてもこの局面は不可能であると誤って論証しがちである．

「b3 に白のキングがあるか，そうでなければ，黒はビショップで王手をかけられている．しかし，白のキングが今 b3 にいることはありえない．なぜなら，白のキングが b3 にいるとしたら，白のキングは黒のルークとビショップから（不可能な）王手をかけられていることになるからである．すなわち，黒のルークとビショップから同時に王手をかけられていることになり，そのいずれかが王手をかけるために動いた直後だとしても，その駒が動く前からもう一方の駒が王手をかけていたことになる．それゆえ，白のキングは今 b3 にはなく，黒は王手をかけられている．白はどのようにして王手をかけたのだろうか．それは，ビショップが移動したことによるものではない．したがって，白のキングが b3 から移動して開き王手になったにちがいない．（白のキングはあきらかに c2 から移動したのではない．）しかし，白のキングが b3 から移動したのならば，白のキングはやはり黒のルークとビショップからありえない王手をかけられていたことになる．それゆえ，この局面は不可能である」

驚いたことに，この論証を理にかなっているとなんと多くの人が断言したことか．しかし，この論証は間違っている．その理由は次のとおりである．たしかに白のキングが今 b3 にいることはありえない．しかし，そのことから，たった今そこから動いたのではないことが導かれはしない．黒の駒を取ったところかもしれないのだ．ヒントになっただろうか．よろしい，白のキングを b3 に，黒のポーンを c3 に置いてみよう．これが最後の 1 手の直前の状況である．ここで，黒はどのようにして白に王手をかけたのだろうか．c3 にある黒のポーンが b4 から来て，c4 にあった白のポーンを**アンパサン**で取ったときにだけ，黒はこのように王手をかけることができる．そこで，黒のポーンをb4に戻し，白のポーンをc4に置く．これが，黒がアンパサンで取る前の局面である．もう1手戻すには，白のポーンをc2に戻す．さらにもう1手戻すには，黒のビショップをa8からh1までの対角線上のどこか，たとえばe4に置く．このときの局面は次のようになる．

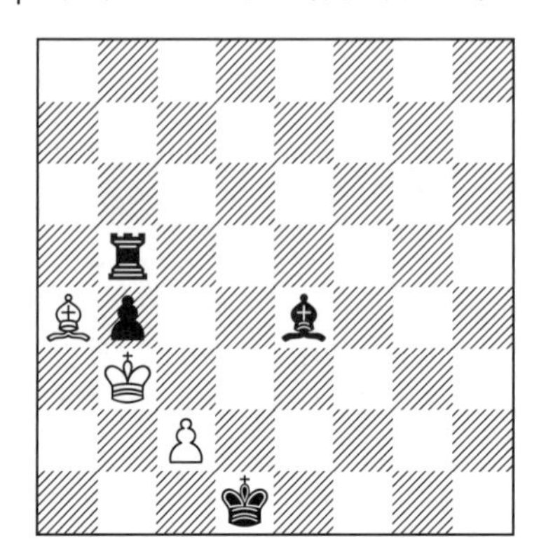

ここから次の手順によって，現在の局面に到達する．

	白	黒
1.		ビショップをd5に（王手）
2.	ポーンをc4に	ポーンでポーンを取る（アンパサン）
3.	キングでポーンを取る	

この結果，白のキングは今c3にある．

2 • 見えないけれども無敵ではない！

白の手番なので，黒は王手をかけられていない．したがって，黒のキングはd8にはない．これは，黒のキングがc8にあるか，または，白は黒のルークに王手をかけられているかのいずれかであることを意味する．後者であるとすると，黒のキングはc8からd7に動いたところでなければならない．それゆえ，黒のキングは今c8かd7にある．黒のキングはその二つのマスのどちらにいたとしても，c7にある白のポーンが黒のルークを取ってナイトに昇格すれば詰めることができる．

3 • 変装したハールーン

ハールーンはc7にある黒のポーンでなければならない．もっとも簡単にこれを証明するには**背理法**を使う．すなわち，ハールーンがいるのはc7ではないと仮定して矛盾を導く．ハールーンがc7のポーンではないと仮定しよう．すると，ハールーンはどれかほかの駒に変装している．ハールーンがa7, a6, b5のポーンのいずれかということはない．なぜなら，その3個のポーンのいずれかであったとすると，黒が王手をかけられているのと同時に白も王手をかけられていることになるからである．それゆえ，この3個のポーンはハールーンの変装ではない．a6のポーンはb7から来て1個の駒を取った．そして，b5のポーンはd7から来て2個の駒を取った．これで合計3個の駒が**すべて白いマス**で取られたことになる．したがって，黒いマスにしか動けない白のクイーン側のビショップは，別のところで取られた．これで白の駒は4個取られたので，盤上には白の駒はたかだか12個しかない．これは，（ハールーンがc7のポーンではないと仮定したときに）ハールーンは白の駒に変装していなければならないことを意味する．なぜなら，黒の駒の一つが本当はハールーンならば，今は盤上に白の駒が13個あることになるからである．したがって，命題1「**ハールーンがc7の黒のポーンでなければ，ハールーンは白の駒のいずれかである**」が証明された．

さて，ハールーンがc7のポーンではないという仮定を続けると，ハールーンはどの白の駒になりうるだろうか．まず，ハールーンはa4, b7, c6, c4, d7, f7, g8, g6の駒にはなりえない．なぜなら，ハールーンがこれらのマスのいずれかにいれば，王手をかけられていることになる（黒は王手をかけれらていることを思い出そう）．したがって，ハールーンはd5, e4, g4, h5にある4個の駒のいずれかである．これで，命題2「**ハールーンがc7のポーンでなければ，ハールーンはd5, e4, g4, h5のいずれかにいる**」が証明された．ここからが（ハールーンがc7のポーンではないと仮定したときの）解析の興味深い部分である．

白のクイーンは黒のキングに王手をかけている．白が指した最後の手は，このクイーンをf8から動かしてg8にあった黒の駒を取ることでなければならない．したがって，1手戻して白のクイーンをf8に置き，g8に1ペニー硬貨を置く．この1ペニー硬貨は，何かは分からないが白のクイーンに取られた黒の駒を表している．黒が指した最後の手は何だろうか．それはg7からキングを動かしたのではない．なぜなら，白はg7にある黒のキングにクイーンで王手をかけるために，クイーンを f8 に到達させなければならないからである．最後の動いたのは，g8 にあるペニー硬貨を除けば，盤上にあるどの黒の駒でもない．なぜなら，それらはすべて身動きがとれないからである．（唯一の例外は b5 にあるポーンだが，このポーンは d7 から c6 を経由して b5 に来たので，b6 から動いたのではない．）したがって，最後に動いた黒の駒は g8 にある駒である．その駒はビショップではありえないので，クイーンかルークかナイトでなければならない．そのいずれであったとしても，その駒は**駒を取ることなく**どこかから g8 に動いたのである．（g8 は白いマスであり，盤上にない白の駒のうち，白いマスで取られることが可能であった 3 個の駒はすべて a6 と b5 のポーンに取られたからである．）したがって，g8 の駒は駒を取ることなく g8 に動いたことになる．g8 の駒がクイーンかルークであれば g7 から来たのでなければならないが，それは不可能である．なぜなら，白のクイーンが黒のキングに王手をかけるために f8 に入ってくることはできないからである．したがって，g8 の駒はナイトでなければならない．このナイトは h6 から来たのではない．なぜならこの場合も，白のクイーンは黒のキングに王手をかけるためにどこからも f8 に移動できないからである．したがって，このナイトは f6 から来た．（そうすると，白のクイーンは黒に王手をかけるために h6 から来ることができる．）黒が指した最後の手はナイトによる f6 から g8 への移動なので，d5, e4, g4, h5 の 4 個の駒のいずれもハールーンにはなりえない．なぜなら，これら 4 個のマスはそれぞれ f6 のナイトから王手がかかっていたからである．しかし，ハールーンが c7 の黒のポーンでないならば，（前述の命題 2 によって）ハールーンはこの 4 個の駒のどれかでなければならない．唯一この矛盾から抜け出すためには，ハールーンは c7 にいる黒のポーンでなければならない．

次の夜のハールーンは黒のポーンではない．（なぜなら，ハールーンは前日とは異なる衣装を身につけたからである．）このとき，ここまでと同じ論証によって，ハールーンは白の駒でなければならない．そして，ハールーンは前と同じ 4 個の駒（d5, e4, g4, h5）のいずれかか，そうでなければ（黒のクイーンはもはや b7 に王手をかけるマスにないので）b7 のポーンでなければならない．そして，またしても前と同じ論証によって，ハールーンは d5, e4, g4, h5 の駒になりえない．それゆえ，ハールーンは b7 にいる白のポーンに変装している．

4 • 魔法をかけられた岩の物語

第1段階：a2にいる黒のビショップは元からある駒ではありえない．なぜなら，元からあるビショップがa2に来ることは，b3にいる白のポーンに妨げられているからである．したがって，a2のビショップは昇格した駒である．このビショップに昇格した黒のポーンはe7を出発して4個の駒を取ってa3に達し，それからa2に進み，そしてb1の駒を取ってそこで昇格したのである．したがって，このe7から来たポーンは5個の駒を取っている．最初にc1にいた白のビショップは，その最初のマスを離れることはなかった．（なぜなら，b2とd2にいるポーンはいずれもまだ動いていないからである．）それゆえ，そのビショップはc1で取られた．これで，6個の白の駒が取られたことになる．それゆえ，g4にある魔法をかけられた岩は黒の駒でなければならない．

第2段階：白が指した最後の手は，ルークがe1から動いたのではない．ルークがe1にあると，黒に王手をかけていることになるからである．また，キングが動いたのでもない．（キングはb1からしか動くことができないが，そこは黒のビショップが不可能な王手をかけている．）また，ルークとキング以外の白の駒でもない．それゆえ，白が指した最後の手は入城である．その結果として，白のキングはそれまで動いたことがなかった．

第3段階：e7から来た黒のポーンが昇格するときまでに取った白の駒の中に，h1から来た白のルークが含まれる．白は入城したばかりで白のキングはそれまでに動いたことがないが，h1のルークはどのように移動してポーンに取られることになったのだろうか．唯一可能な説明は，g3とh3にある白のポーンは交差して駒を取りルークを外に出したというものだ．すなわち，g3のポーンは実はh2から来たのであり，h3のポーンはg2から来たのである．このとき，g3のポーンはh2から来たのだから，h2にある黒のビショップはg1とh2の二つのマスにずっと閉じ込められている．このビショップはどのようにしてこの二つのマスのいずれかに入ったのだろうか．これは，h2にある黒のビショップも昇格した駒だということでしか説明できない．

第 4 段階： h2 にある黒の昇格したビショップは g1 で昇格したのでなければならない．そして g1 で昇格したのは g7 から来たポーンである．なぜなら，(盤上にない白の駒はすべてほかのところで取られたことになっているので) f7 や h7 から来たポーンが駒を取って g 列に移ることはできず，e7 から来たポーンは a2 でビショップに昇格しているからである．つまり，次のことが起きた．g3 のポーンがまだ h2 にいる間に，g2 にある白のポーンが h3 の駒を取った．これで開いた g 列を (白のルークが h1 から外に出たあとに) 黒のポーンが進んで昇格した．そして，h2 のポーンが g3 の駒を取った．

これで，魔法をかけられた岩の正体を突き止める準備が整った．その正体は黒の駒であることは分かっている．それはポーンではない．なぜなら，g7 と e7 のポーンはビショップに昇格しているし，f7 と h7 のポーンは駒を取ることなしには g 列に移れないからである．また，クイーンやルークでもない．なぜなら，これ以上黒が昇格することはできないからである．(f7 のポーンは f2 のポーンを越えて進むことはできないし，h7 のポーンは h2 または h3 にある白のポーンによってつねに妨害されている.) それゆえ，岩の正体はビショップかナイトである．しかしながら，白は入城したばかりであり白のキングは d1 を通過したので，g4 にある正体不明の駒がビショップということはない．なぜなら，それがビショップだとしたら d1 に利いているからである．(入城する際に，キングは相手の駒が利いているマスを横切ることはできない.) それゆえ，魔法をかけられた岩は黒のナイトでなければならない．

黒が入城できるかどうかという後半の問題については，次のように解析を進める．

盤上にない黒の 4 個の駒は，元からあるビショップ 2 個と，f7 と h7 にあったポーンである．これらのうち 3 個は b3, g3, h3 のポーンに取られた．f7 にあったポーンはこれら 3 個のポーンに取られたのではない．(なぜなら，f7 にあったポーンが f 列から出るために駒を取ることはできなかったからである.) ここで，盤上にない白の駒は 6 個ある．そのうちの 5 個は，e7 から来た黒のポーンが b1 で昇格するときまでに取り，残りの 1 個はクイーン側のビショップで最初の位置で取られた．それゆえ，e2 にいた白のポーンは，e7 から来た黒のポーンに取られた 5 個の駒のうちの一つか，そうでなければ，この白のポーンは昇格している．前者であれば，この白のポーンは e 列よりも左にいなければならないが，それは起こりえない．なぜなら，このポーンが取ることのできる駒は f7 から来たポーンだけだからである．（f7 から来たポーンは昇格しなかったことを思い出そう．）それゆえ，e2 から来た白のポーンは昇格している．そのポーンは，駒を一つも取らずに e8 で昇格したか，あるいは，f 列のどこかで f7 から来たポーンを取ったあと f8 で昇格したかのいずれかである．前者であれば，黒のキングはそれ以前に動いている．後者であれば，この白のポーンは f7 を通過しなければならず，それによって黒のキングは動かされる．それゆえ，黒のキングはすでに動いているので黒は入城できない．

5 • 森に潜む城郭

第 1 段階： f6 のポーンは e7 から来て，e6 のポーンは d7 から来た．e6 と f6 で取られた白の駒は何だろうか．それが白の 2 個のナイトのいずれかということはない．なぜなら，黒のキングとクイーンは，ともに動いたことがなく，それらに相手の駒が利いたこともないからである．また，盤上にない白のクイーン側のビショップは最初の位置である c1 で取られたので，f6 で（そして，もちろん e6 でも）取られることはない．これは次のことを意味する．盤上にない h2 から来た白のポーンが昇格したのでなければ，e6 と f6 で取られた白の駒は盤上にない白のルーク（盤上にないのは一方のルークだけである．もう一方のルークは盤上のどこかにあるが，それがどこであるかは分からない）と h2 から来たポーンである．しかしながら，h2 から来たポーンは，次のような理由により e6 や f6 で取られることはない．このポーンが f 列に達するだけでも 2 個の駒を取らなければならない．黒のクイーン側のルークは，外に出て h2 から来た白のポーンに取られることはない．なぜなら，黒のクイーンは一度も動いていないからで，結果としてこのルークは a8, b8, c8 のいずれかで取られた．それゆえ，h2 から来た白のポーンが f 列に移動する唯一の方法は，黒のビショップを 2 個取ることである．しかしこれらのビショップは，e6 と f6 のポーンが駒を取ったあとでしか外に出ることはできない．この結果，h2 から来たポーンは e6 や f6 で取られたのではない．それゆえ，h2 から来たポーンは昇格している．

第 2 段階： h2 から来たポーンが昇格するためには，h6 にある黒のポーンを越えなければならない．それが可能となる唯一の方法は，まず g 列のどこかで黒のビショップを取り，それから h7 でもう一方の黒のビショップを取ることである．そのあとは（黒のクイーン側のルークは外に出られないので）もうほかの駒を取ることはできず，したがって h2 から来たポーンは h8 で昇格することになる．黒のビショップはいずれもこのポーンが昇格する前に取られているので，その昇格よりも前に（ビショップを外に出すために）e6 と f6 のポーンは駒を取っている．したがって，e6 または f6 で取られたのは昇格した白の駒ではない．それゆえ，e6 と f6 で取られたのは**白のポーン以外の元からある駒 2 個**である．

第 3 段階： その取られた 2 個の駒は何だろうか．そのうちの一つは元からある白のルークである．それでは，もう一つは何か．それは c1 から来たビショップではないし，（キングもクイーンも動いたことはないのだから）白のクイーンでもない．また，すでに分かっているように，ナイトでもない．そして，（白いマスである）f1 から来たビショップでもない．なぜなら，そうだとすると c4 のビショップは昇格した駒でなければならないが，白が昇格した h8 は黒いマスだからである．それゆえ唯一の可能性は，e6 と f6 で取られたのは元からある白のルーク 2 個ということになる．それにもかかわらず，白のルークは盤上のどこかにある．したがって，そのルークは，h8 で昇格した駒でなければならない．その駒はずっと h7, h8, g8 に閉じ込められている．したがって，今は h7 にある．

6 • 命運を分ける決断

ペルシャは援軍を送る**べき**だというのが答えである．

問題の局面を見ると，白は盤の**上から下に向かって**ポーンを進めていることが簡単に分かる．なぜなら，白が盤の下から上に向かってポーンを進めているのだとしたら，6 段目のそれぞれのマスにはまだ動いていない黒のポーンが利いているので，白のキングが（最下段から）6 段目を越えて最上段に達することはできないからである．それゆえ，白は盤の上から下に向かってポーンを進めていて，今王手をかけられている．これは最後の通信文の問い「最後の手を指したのはどちらか」の答えが黒であることを意味しており，それは最初の通信文から YES と翻訳される．したがって，援軍を送るべきかどうかという問いの答えは YES である．

7 • 埋められた城郭の謎

この解には，ものの見事に驚かされることが二つある．黒のクイーン側のルークは e3 で取られたのでなければならない．黒のキングが動いたことはないので，クイーン側のルークを外に出すために b6 と c6 のポーンは交差して駒を取った．この二つのポーンが取った駒は，ルークとクイーン側のビショップか，あるいはルーク 2 個でなければならない．しかしながら，白のルークはいずれも黒のルークが e3 で取られるより**前**に外に出ることはできないので，まずビショップが b6 で取られて，それから黒のルークが外に出て e3 で取られ，それから白のルークが外に出て c6 で取られたのである．

このとき，黒のルークは白のルークが c6 で取られる**前**に外に出たのだから，黒の元からあるクイーン側のビショップはまだ外に出ることはできなかった．したがって，そのルークが外に出る道を作るために，黒のクイーン側のビショップは最初の位置で取られたのでなければならない．それゆえ，a6 にあるビショップは昇格した駒でなければならない．

このビショップに昇格したポーンは，f7 か g7 から来て f1 で昇格したのでなければならない．e3 でポーンが駒を取ったのは，この昇格より前でなければならない．（そうでなければ，f7 や g7 から来たポーンはいずれも 2 個の駒を取らなければ f1 に達することはできないからである．）また，g3 のポーンが g2 から動いたのは，昇格したビショップが f1 から出ていく**前**である．それゆえ，昇格したビショップが f1 から出ていく前に，e3 と g3 のポーンは**いずれも**現在のマスにいたことになる．それでは，そのあと f1 のナイトはどうやってそのマスに来たのだろうか．唯一の可能性は，このナイトもまた昇格した駒であるということだ．

それゆえ，f7 と g7 から来たポーンはともに昇格した．g7 から来たポーンは f 列のどこかでもう一方の白のルークを取ったのでなければならない．そして，白のルークはともに同じ段で取られたのだから，それは f6 でなければならない．したがって，白のルークは c6 と f6 に葬られている．

8 • 城郭争奪戦

まず，a2 と b7 にある黒のビショップの一方は明らかに昇格した駒である．もう一方のビショップは元からある駒でなければならない．なぜなら，今は盤上に黒のポーンが 7 個あるからである．

次の二つの命題を証明することで，a5 のルークが黒の駒でなければならないことが示せる．

命題 1： a5 のルークが白の駒ならば，b7 のビショップは元からある駒である．

命題 2： a5 のルークが白の駒ならば，a2 のビショップは元からある駒である．

命題 1 と命題 2 より，a5 のルークが白の駒であるという仮定からはもちろん矛盾が生じることになる．したがって，a5 のルークは黒である．

命題 1 の証明： a5 のルークが白の駒だと仮定する．すると，白は c1 から来たビショップと e2 から来たポーンを失っている．a6 で黒のポーンに取られた駒は何だろうか．それは，c1 から来た（黒のマスを動く）ビショップではないし，（a6 に達するのに必要なだけの駒を取ることができない）e2 から来たポーンでもない．したがって，e2 から来たポーンは昇格していなければならない．a6 で取られた駒が**元からあった**駒ということはない．なぜなら，それが元からあった駒だとすると，盤上に今ある白の 2 個のルーク，白のナイト，白のクイーン，そして白のキング側のビショップのうちの一つは昇格した駒でなければならないが，今は盤上に昇格した白の駒はないことが分かっている．それゆえ，a6 で取られた白の駒は**昇格した**駒であった．結果として，その駒が a6 で取られたのは白のポーンが昇格した**あと**である．その白のポーンが昇格する前には，a6 にある黒のポーンはまだ b7 にあり，黒の元からあるクイーン側のビショップはまだ最初の位置である c8 にあった．これは，e2 から来た白のポーンが昇格するまでに 2 個より多くの駒を取りえないことを意味する．なぜなら，そのポーンが昇格する前には，a8 から来た黒のクイーン側のルークは（そのとき b7 にあったポーンと c8 にあったビショップによって）a8 か b8 にしか動けないので，白のポーンに取られることはありえないからである．そのポーンが取ることのできる駒は，黒のクイーンと f8 から来た黒のキング側のビショップの 2 個だけである．そして，その白のポーンは昇格までに少なくとも 2 個の駒を取らなければならないので，そのクイーンとビショップを取って g8 で昇格した．そのポーンが c8 で昇格したということはない．なぜなら，そこには黒のクイーン側のビショップがあったからである．これは，この白のポーンが昇格するまでの途中で黒のクイーンを取ったことを意味する．ここで，白のポーンが昇格する前には黒のポーンは b7 にあり，元からあった黒のクイーン側のビショップは c8 にあったことや，（黒は入城したばかりなので）黒のキングは最初の位置である e8 にあったことを思い出そう．このことから，黒のクイーンが外に出て白のポーンに取られる唯一の方法は，c7 のポーンがまず c6 に動いてクイーンを外に出すことである．すなわち，b7 のポーンが a6 に動く前に，c6 のポーンはそこにいたのである．（なぜなら，まず c7 のポーンが c6 に動き，それからクイーンが外に出て e2 から来たポーンに取られ，それからそのポーンが昇格し，それから a6 で昇格した駒が取られたからである．）これは，c8 から来た元からあったビショップはずっと a8, b7, c8 だけにしか動けなかったことを意味する．それゆえ，b7 のビショップは元からあった駒でなければならない．

命題 2 の証明： 再び，a5 のルークが白の駒だと仮定する．ビショップに昇格した黒のポーンは g7 から来たポーンである．そのポーンは，白いマスで昇格していなければならないので，昇格したマスは g1 ではない．したがって，少なくとも 1 個の駒を取っている．このとき，e2 から来たポーンは a6 で取られた駒に昇格したので，g7 から来た黒のポーンが取ることのできる白の駒は c1 から来たビショップだけである．したがって，g3 のポーンがまだ g2 にある間に黒のポーンは g3 に来て h2 にある白のビショップを取り，それから h1 で昇格したのである．その前に，そのビショップを c1 から外に出すために，b3 のポーンは b2 から動いていなければならない．しかし，ポーンが b2 から b3 に動いたあとは，a2 のビショップは a2 と b1 だけにしか動くことができない．それゆえ，a2 のビショップは，ポーンがビショップに昇格する前に a2 と b1 に閉じ込められていた．それゆえ，a2 のビショップは元からある駒でなければならない．

　こうして，命題 1 と命題 2 は証明された．そして，a5 のルークが白の駒だとしたら不合理が生じることが分かった．それゆえ，a5 のルークは黒の駒でなければならない．

考察： a5 のルークは黒の駒だと分かったので，次のような疑問が生じるかもしれない．a2 と b7 にあるビショップのどちらが元からあった駒だろうか．いや，どちらかは分からない．まず，a5 のルークは黒の駒なので，盤上にない白のルークはa6で取られたのかもしれない．その結果として，e2から来た白のポーンは昇格する必要はない．これで，b7のビショップが元からあったものでなければならないという論証は成り立たない．その一方で，白のルークが盤上にないという事実は，c1から来たビショップではなく，このルークこそがh2で黒のポーンに取られた駒になりうることを意味する．これで，a2のビショップが元からあったものでなければならないという論証は成り立たない．したがって，この二つのビショップはいずれも元からあった駒になりうる．

9 • 黒い城郭の謎

白は15個の駒から始めて，まだ盤上には13個の駒がある．したがって，取られた駒は2個であり，それらをb6とg6で取ったポーンが今その位置にいる．それ以外に取られた白の駒はない．とくに，e7を出発し今は盤上にない黒のポーンがe列を離れるために駒を取ることはありえないし，昇格したということもありえない．（白のキングはまだ動いたことがないからである．）したがって，e7から来たポーンはe列のどこかで取られたのである．

つぎに，e2を出発し今は盤上にない白のポーンが2個以上の駒を取ったということはない．なぜなら，c8のビショップは最初の位置で取られたし，e7から来たポーンは昇格もせず白のポーンに取られることもなかった（白のポーンに取られたのであれば，駒を取ってe列を離れなければならない）からである．これで，e2から来た白のポーンが取ることのできた駒は，盤上にない黒のルークしか残っていない．

準備としてこのように調べたのちに，b6とg6で取られた白の駒2個が何かを確定する必要がある．白は1個のナイトを駒落ちしてゲームを始めたので，最初にあった15個の駒のうち盤上にない駒は1個のナイトとe2にあったポーンである．この2個の駒がb6とg6で取られたのでなければ，e2にあったポーンは昇格したことになる．ここで，このポーンがb6やg6で取られることはない．なぜなら，このポーンがそれらのマスのいずれに達するためにも少なくとも2個の駒を取らなければならないが，せいぜい1個の駒しか取っていないことが証明されているからである．それゆえ，e2を出発したポーンは昇格した．そのポーンが昇格したのはe8ではない．なぜなら，黒のキングはまだ動いたことがないからである．また，そのポーンは昇格するまでに2個以上の駒を取ってはいない．それゆえ，そのポーンは

e7 まで進んで，f8 にあった黒のルークを取ったのである．

次に示すのは，この昇格した白の駒が今は盤上にないことである．白のポーンは f8 で昇格したので，クイーンやルークに昇格したということはありえない．そうでなければ，黒のキングが動かなければならなかったからである．したがって，盤上にあるクイーンや 2 個のルークは昇格した駒ではない．c1 のビショップは明らかに昇格した駒ではない．そして，e2 のビショップも昇格した駒ではない．なぜなら，そのビショップは白いマスにいて，ポーンが昇格したのは黒いマスである f8 だからである．したがって，盤上に今ある白の駒はどれも昇格した駒ではない．それゆえ，昇格した白の駒は，b6 と g6 で取られた二つの駒の一方である．これは，b6 と g6 で取られた駒のうち，たかだか一つだけがその昇格よりも前に取られたことを意味する．したがって，e7 にあった白のポーンが f8 にあった黒のルークを取ったとき，今は b6 にあるポーンは a7 にあったか，あるいは，今は g6 にあるポーンは h7 にあったかのいずれか（あるいはその両方）である．前者であれば，黒のクイーン側のルークは外に出て f8 で取られることはできなかった．後者であれば，黒のクイーン側のルークは h7 を横切って f8 に入り取られることはできなかった．そのため，f8 で取られたのはキング側のルークであった．したがって，e5 にある邪悪なルークは黒のクイーンであるメディーア側のルークである．

10 • ベールに包まれた女王の物語

c3 にあるポーンは，元からあった黒のクイーンを取ったか取らなかったかのいずれかである．

c3 のポーンが元からあった黒のクイーンを取った場合： このとき，あきらかに h5 のクイーンは白である．（なぜなら，もしそれが黒だったとしたら，昇格した駒ということになって，仮定に反する．）そして，元からあった黒のクイーンは最初の位置とは異なる列で取られた．

c3 のポーンが元からあった黒のクイーンを取らなかった場合： このとき，c3 で取られた駒は何だろうか．それは元からあったクイーンではないし，c8 から来たビショップでもない（そのビショップは白いマスにしか動けない）．また，e7 から来たポーンでもない．なぜなら，そのポーンが c3 に到達するためには 2 個以上の駒を取らなければならないからである．それゆえ，e7 から来たポーンは昇格している．このとき，このポーンが 2 個以上の駒を取ることなく昇格できる唯一の方法は，d 列にある駒を取って d1 で昇格することである．そのポーンが取った駒は何か．それは f1 から来た白のキング側のビショップか，そうでなければ，白のクイーンである（この場合，a5 のクイーンは黒でなければならない）．このとき，このポーンは，次のような興味深い理由によって，白のキング側のビショップを取ることはできなかった．このポーンが白のキング側のビショップを取ったと仮定する．するとその前に，そのビショップを外に出すために，e3 のポーンは e2 から動いていなければならない．したがって，d1 での昇格よりも前に，e3 にあるポーンはその位置にいた．また，d1 での昇格よりも前に，c3 にあるポーンもその位置にいた．なぜなら，黒のポーンは d2 を通過しなければならなかったからである．したがって，d1 での昇格よりも前に，c3 と e3 のポーンはともにその位置にいた．その結果，黒の昇格した駒が d1 を離れたあとに，d1 にある白のナイトがそのマスに入ってくることはできなかったのである．それゆえ，e7 から来たポーンに取られたのは白のキング側のビショップではなかった．したがって，そのポーンに取られたのは白のクイーンであった．その結果，a5 のクイーンは黒で，白のクイーンは最初の位置と同じ列である d 列で取られた．

それゆえ，盤上にないクイーンが最初の位置とは異なる列で取られたのならば，その状況は前者の場合に帰着され，この謎のクイーンは白の駒である．盤上にないクイーンが最初の位置と同じ列で取られたのならば，その状況は後者の場合になり，謎のクイーンは黒の駒である．

11 • 盗まれた宝物の物語

白は今，d8 にあるビショップから王手をかけられている．黒が指した最後の手は，キングを f6 から動かすことでなければならない．f6 では，黒のキングは a1 にあるビショップから王手をかけられていた．白はどのようにしてこの王手をかけたのだろうか．そのビショップを動かしたのでもなく，a3 にあるポーンが b2 から駒を取ったのでもない．なぜなら，白のビショップは a1 に入ってくることができないからである．e6 のポーンを動かすことで王手をかけることはできただろうか．いや，このポーンは e5 から動くことはできない．なぜなら，e5 にポーンがあるとキングに王手がかかっていることになるからである．そのポーンはd5かf5から来て，e5にあった黒のポーンをアンパサンで取ることができた．そのポーンがそのように動いたと仮定しよう．すると，その前の手で，黒のポーンはe7からe5に動いた．これは，d8にある黒のビショップは，けっしてf8から来たのではないことを意味する．したがって，このビショップは昇格した駒でなければならない．何手か前に戻ると，黒のポーンがe7にあり，g4のポーンはd7から出発して3個の駒を取ったのでなければならない．このとき，d3にあるポーンはa7から来ることはできない．このポーンがa7から来たのであれば3個の駒を取ったことになるが，取られた駒の合計は6個になり1個多すぎる．それゆえ，このポーンはc7から出発して1個の駒を取った．これとg4にあるポーンが取った駒をあわせると4個になる．しかし，すると，黒のビショップに昇格したポーンは，a7から黒いマスであるa1かc1に到達するために2個の駒を取らなければならない．この場合も取られた駒は合計で6個になり1個多すぎる．それゆえ，白が指した最後の手はe6にあるポーンではなかった．

最後の手としてありえるのは何だろうか．唯一の可能性は，最後にa1のビショップで開き王手になるように白が動かした駒を，黒のキングが最後の手で取ることだ．そして，その駒は白のナイトでなければならず，最後の手でe5から来たのである．それゆえ，1手前には，盤上に3個の白のナイトがあった．したがって，白のポーンは昇格していなければならない．

それでは，g3にあるポーンがf2から来たと仮定しよう．このとき，読者もすぐに計算できるように，昇格する白のポーンと残りのポーンが取った駒の最小数は7である．（昇格するポーンがh2から来たのならば，f7, g7, h7にある黒のポーンを回避するために3個の駒を取らなければならない．g3のポーンは1個の駒を，a3のポーンは1個の駒を，a6のポーンは2個の駒を，そしてe6のポーンは1個の駒を取っているので，合計は8個である．しかし，e6にあるポーンがh2から来たのであれば，7個で間に合う．そのポーンで3個，g3のポーンで1個，a3とa6のポーンで3個，そして，昇格するポーンは駒を取らずにd2から来ることができる．）しかし，取られた駒が7個だとしても，まだ1個多すぎる．それゆえ，g3にあるポーンは，実際にはh2から来たのである．（そして，取る必要のある駒の数は合計で5個だけである．）

したがって，g3にあるポーンは有罪ではない．

12 • 盗まれた宝物II

カジールは，バラブ（b7から来たポーン）が昇格し，その昇格した駒が今は盤上にあることを次のように証明した．バラブは昇格しなかったと仮定しよう．すると，バラブはc3のポーンに取られたことになる．バラブは，c3に到達するために，c列のどこかで白の駒を取っていなければならない．バラブはh2から来た盤上にない白のポーンを取ることはできないので，バラブが取ったのはポーン以外の駒である．そして，バラブが白の**ポーン以外の元からあった**駒を取ったのでなければ，バラブがc3で取られる前にポーン以外の元からあった白の駒が取られている．

これを証明するために，**昇格した**白の駒をバラブが取ったと仮定しよう．すると，それより前にh2から出発したポーンは昇格している．そのポーンが取る黒の駒はないので，そのポーンはh8で昇格し，それを通すためにg6とh6のポーンは交差して駒を取った．もっと明確にいうと，h7からg6にポーンが動いたとき，h6のポーンはまだg7にあり，昇格する白のポーンのためにh列が空いた．したがって，この白のポーンが昇格する**前**に，g6にあるポーンはその位置にいた．結果として，g6にあるポーンはポーン以外の**元からあった**駒を取ったのである．すなわち，バラブがc3で取られる前に，バラブかg6にあるポーンのいずれかはポーン以外の元からあった駒を取ったことになる．これで，バラブが取られる前にポーン以外の元からあった白の駒が取られたことが証明された．

その元からあった白の駒は何か．バラブがc3で取られる前にc3のポーンはb2にあったので，白のクイーン側のビショップも白のクイーン側のルークも外に出て取られることはできなかった．取られた駒は白のキング側のルークでもない．なぜなら，白は入城できるからである．取られた駒は白のキング側のビショップでもない．なぜなら，もし取られたのがそのビショップだとすると，c4のビショップは昇格した駒でなければならないが，白のポーンが昇格したh8は黒いマスなので，そうはなりえないからである．取られた駒がナイトだとしたら，盤上に今ある白のナイトのうちの一つは昇格した駒でなければならないが，これも不可能である．なぜなら，そのナイトが昇格する**前**にg6のポーンはその位置にあったので，昇格したナイトはけっしてh8から出ていくことができないからである．残された可能性はクイーンである．しかし，これもまた不可能である．その理由は次のとおり．c3のポーンがまだb2にあって，白のキングがまだ動いたことがないときに，クイーン側のビショップがまず最初の位置である c1 で取られたのでなければ，クイーンはけっしてその最初の位置から動くことはできない．しかし，g6 と h6 のポーンとバラブが取った 3 個の駒とこのビショップをあわせると，取られた駒の合計は 4 個になり 1 個多すぎる．

ここまでの論証によって，バラブが c3 で取られたのならばこの局面は起こりえないことが示された．それゆえ，バラブはたしかに昇格している．つぎに，バラブが昇格した黒の駒が c3 で取られるのはありえないことを示す．

その昇格した黒の駒が c3 で取られたと仮定すると，バラブは c3 で取られる**前**に昇格していた．これは，バラブが昇格する前には c3 のポーンは b2 にあったことを意味する．したがって，c3 のポーンがまだ b2 にある間に，a2 のポーンがまず a3 に動いて，それからバラブが b3 から a2 にある駒を取ったことになる．c1 にあったビショップはずっと c1, b2, a1 だけしか動けないので，この 3 個のマスのいずれかで取られたのでなければならない．したがって，h4 のビショップは昇格した駒でなければならない．この場合も，h2 を出発したポーンは昇格し，g6 と h6 のポーンは交差して駒を取った．その取られた 2 個の駒と，a2 でバラブに取られた駒，a1, b2, c1 のいずれかで取られた白のクイーン側のビショップをあわせると，取られた駒は 4 個になり 1 個多すぎる．

したがって，実際に起こったことは次のとおりである．**元からあった**黒の士官（ポーン以外の駒）が c3 で取られ，**そのあとで**バラブが最下段まで進んで昇格しその駒になりかわった．結果として，バラブが昇格した黒の駒が今は盤上にある．

13 • 盗まれた宝物 III

両方のキングはそれぞれ一度だけ動き，黒の駒の一つは昇格した駒であることが分かっている．その昇格した駒がどれかを明らかにするのは比較的簡単だろう．

昇格したのは a7 を出発したポーンである．盤上にない黒の駒は c3 で取られた駒だけなので，a4 にある白のポーンはけっして a 列を離れることはなかった．それゆえ，a7 を出発したポーンは，b 列に移るために少なくとも 1 個の駒を取った．盤上にない白の駒は 2 個のルークだけなので，a7 を出発したポーンが取った駒はルークでなければならない．このとき，白のキングは 1 手しか動いていないので，白はクイーン側に入城したのである．

白が入城する前にはクイーン側のルークはa1にいるので，キング側のルークが外に出てa7を出発したポーンに取られることはない．それゆえ，このポーンは白が入城したあとに駒を取ったのである．したがって，白がまず入城し，そのあとで黒のポーンがb列にあるルークを取ったことになる．これは，このポーンがb1では昇格しえないことを意味する．なぜなら，このポーンがb1で昇格するためにはb2を通過しなければならず，白のキングがもう1手動くことになるからである．したがって，このポーンはa列にあるルークも取ってa1で昇格したのでなければならない．

a1でナイトに昇格すると，b3を通らなければa1から出ていくことはできないが，b3に動くと王手がかかってキングはもう1手動くことになってしまう．a1でビショップに昇格すると，まずb2に動く以外にa1から出ていくことはできないが，この場合も王手がかかる．したがって，盤上に今ある昇格した黒の駒はナイトでもビショップでもないので，クイーンかルークでなければならない．黒のキングもまた1手だけしか動いていないので，黒もまたクイーン側に入城し，そのあとキングは動いていないことを思い出そう．その結果，元からあった黒のルークはずっと最上段とd7, g7, h7だけしか動くことができない．（盤上にない白の2個の駒は昇格した黒のポーンに取られたので，昇格した黒のルークをd8かe8に入れるためにg6とh6のポーンが交差して駒を取ることはできないからである．）したがって，d8とe8のルークはいずれも昇格した駒ではない．つまり，昇格した黒の駒はクイーンである．

14 • 盗まれた宝物 IV

黒が取られたのはクイーンとキング側のビショップである．黒のクイーンは最上段で取られたのだから，a3で取られたのではない．したがって，a3で取られたのはビショップである．

昇格する白のポーンであるゲーリーはh2から出発した．黒は入城できるので，ゲーリーはh8で昇格したのではない．したがって，ゲーリーは少なくとも1個の駒を取っている．しかし，ゲーリーが2個以上の駒を取ったということはない．なぜなら，黒が取られた駒は2個だけで，そのうちの1個はa3で取られたからである．それゆえ，ゲーリーはちょうど1個の駒を取り，g8で昇格したことになる．盤上にない黒のビショップはa3で取られたので，ゲーリーが取った駒はクイーンである．したがって，そのクイーンは

g 列で取られた．それは最上段で取られたことが分かっているので，g8 で取られたことになる．したがって，ゲーリーを中に入れるために，g6 と h6 のポーンは交差して駒を取った．さらにいえば，h6 のポーンがまだ g7 にある間に g6 のポーンはその位置に動き，ゲーリーは h7 に進んで g8 のクイーンを取ったのである．

この白のポーンがビショップに昇格したとしたら，g8 と h7 を離れて c4 に達することはできない．したがって，ビショップに昇格したのではない．また，ルークに昇格したのでもない．なぜなら，h8 にある黒のルークが一度も動いていないので，白のルークが g8 から h1 に動くことはけっしてできないからである．それゆえ，この白のポーンはナイトかクイーンに昇格したことになる．ナイトに昇格したのであれば，王手をかけて黒のキングを動かすことなく g8 から f6 を経由して出ていくことはできないので，h6 を経由して出ていったのでなければならない．このとき，ゲーリーが昇格する前に h6 にあるポーンが駒を取ってその位置に来たことを証明できれば，ナイトに昇格したのではないことが分かる．これは次のようにして証明する．

まず，盤上にない白の 3 個の駒は，a6, g6, h6 のポーンにそれぞれの位置で取られた．白のクイーン側のルークは a 列で取られたので，それは a6 で取られた駒である．このことが重要になってくる．このとき黒のクイーンは，g8 で取られる前に最初のマス d8 を離れて g8 に来なければならない．黒のキングが動いたことはないので，黒のクイーンは b7 を経由して外に出たのでなければならない．その前に，b7 にあったポーンは a6 にあった白のクイーン側のルークを取っている．その前に，そのルークを外に出すために，b2 にあったポーンは a3 にあった黒のキング側のビショップを取っている．（白のキングは一度も動いていないので，このルークは b2 を通らずに外に出ることはできない．）そしてその前に，そのビショップを f8 から外に出すために，g7 にあったポーンは h6 で駒を取っている．

（言い換えると，駒の動きの大まかな流れは次のようになる．まず，h6 のポーンがまだ g7 にある間に，h7 のポーンが g6 にある駒を取る．それから，ゲーリーは h2 から h7 に進み，次の一連のことが起きるまでそこに辛抱強くとどまる．まず，g7 のポーンが h6 にある駒を取る．それから f8 にあったビショップが外に出て，a3 で取られる．それから白のクイーン側のルークが外に出て，a6 で取られる．それから黒のクイーンが外に出て，グルッと回って g8 に到達する．それから，ゲーリーはクイーンを取って昇格する．）

これで，g6 と h6 のポーンはいずれもゲーリーが昇格する前にその位置にいたことが証明された．したがって，ゲーリーがナイトに昇格することはない．なぜなら，昇格したナイトはh6を経由して外に出ることはできないからである．それゆえ，ゲーリーはクイーンに昇格したことになる．

15 • 狡猾なビショップ 第1話

ビショップはg8で昇格しており，そのビショップに昇格したポーンはg2から来た．（そのポーンがe2から来たのだとしたら，少なくとも2個の駒を取ったことになり，e4のポーンもg2から2個の駒を取ったことになるので，取られた駒は1個多すぎる．）それゆえ，その白のポーンが昇格する前に，f6のポーンは駒を取った．なぜなら，そうでないと仮定すると，白のポーンが昇格する前にその黒のポーンはg7にあり，したがって白のポーンはそれを避けるために2個の駒を取らなければならなかったからである．その取られた2個の駒のうちの一つは黒のキング側のルークであるが，盤上にない残りの二つの黒の駒は，f8にあったビショップとクイーン側のルークである．前者は，黒のポーンがまだg7にある間には最初の位置から動くことができず，後者はa8, b8, a7のいずれかで取られたのでなければならない．それゆえ，白のポーンが昇格する前にf6のポーンは駒を取った．

すると，f6にある黒のポーンは，（盤上にない唯一の白の駒である）白のクイーン側のビショップを取ったことになる．その前に，c1からビショップを外に出すために，b3にある白のポーンはb2から動いている．それゆえ，ポーンがビショップに昇格する前に，b3のポーンはその位置にあったことになる．したがって，昇格したポーンがa2に到達することはできない．それゆえ，a2にあるビショップは元からある駒であり，g2にあるビショップが昇格した駒である．

16 • 狡猾なビショップ 第2話

第1段階：まず，d6で駒が取られたのは，a3で駒が取られるより前であることを証明する必要がある．

(a) 黒のクイーン側のルークがa3で取られたのならば，そのルークを外に出すためにまずd6で駒が取られなければならない．

(b) a3で取られたのが黒のクイーン側のルークではないと仮定する．そうすると，a3 で取られた駒は何だろうか．それは黒のキング側のルークではない．なぜなら，そのルークは最初の位置で取られたからである．また，黒のポーンでもない．なぜなら，g7 と h7 のポーンはいずれも a 列に達するのに必要な駒を取ることはできないからである．それゆえ，黒のポーンは昇格していなければならない．また，a3 で取られたのはこの昇格した黒の駒でなければならない．なぜなら，元からあったナイト，ビショップ，クイーンが a3 で取られたとしたら，盤上に今ある黒のナイト，ビショップ，クイーンのうちの一つは昇格した駒でなければならないが，それは昇格した駒が盤上にはないという事実に反する．それゆえ，昇格した黒の駒は a3 で取られた．

このとき，g3 にある白のポーンは g2 から来たものである．なぜなら，そのポーンが h2 から来たのならば，h2 のビショップはそこに到達できないからである．したがって，昇格する白のポーンは h2 を出発したポーンである．また，昇格する黒のポーンは h7 から来たポーンである．なぜなら，そのポーンが g7 から来たのならば，g3 のポーンを避けるために少なくとも 1 個の駒を取らなければならず，g5 のポーンは h7 から来るために 1 個の駒を取らなければならないが，d6 のポーンも 1 個の駒を取っているので，合計で取られる駒が 3 個になり 1 個多すぎるからである．したがって，昇格する黒のポーンは h7 から来たポーンである．こうして，二つの昇格するポーンはいずれも h 列から来たポーンであり，相手とすれ違うためにはこの 2 個のうちの一つは駒を取らなければならない．（盤上にない 2 個の白の駒のうちの一つは d6 で取られているので）黒の昇格するポーンは 2 個以上の駒を取ってはいない．したがって，そのポーンが駒を取って白のポーンを避けたとしたら，白のポーンがまだ h2 にあり，g3 のポーンがすでに g3 に進んだあとに，g2 にある駒を取らなければならない．しかしこのとき，白のビショップは h2 に入ることはできない．したがって，白のポーンが駒を取って黒のポーンを避けた，すなわち，黒のポーンがまだ h6 か h7 にある間に白のポーンが g6 か g7 にある駒を取り，それから h8 にあるルークを取ったのである．この白のポーンが g6 か g7 で取った駒は何か．それは黒のクイーン側のルークでなければならない．なぜなら，盤上にない残りの二つの黒の駒は，a3 で取られた昇格したポーンと h8 で取られたキング側のルークだからである．したがって，黒の昇格するポーンがまだ h6 か h7 にある間，すなわち，そのポーンが昇格する前に，黒のクイーン側のルークは取られたのである．しかし，黒のクイーン側のルークが取られる前に，そのルークを外に出すために d6 のポーンは駒を取ったことになる．したがって，一連の駒の動きは次のようになる．まず，黒のポーンが d6 で駒を取る．それから，黒のクイーン側のルークが外に出て g 列で取られる．それから，黒のポーンが前進して昇格する．そして，昇格した黒の駒が a3 で取られる．その結果，d6 で駒が取られたのは，a3 で駒が取られるより前である．

第 2 段階： a3 で取られた駒が黒のクイーン側のルークであっても昇格した黒の駒であっても，d6 で駒が取られたのは a3 で駒が取られるより前であることを証明した．このとき，d6 で取られた駒は白のクイーンである．白のクイーンは，a3 のポーンがまだ b2 にあり，それゆえ白のクイーン側のビショップがまだ c1 にある間に取られた．白のキングは一度も動いていないので，白のクイーンは c2 を通って外に出たのでなければならない．その結果，c3 のポーンがまず c2 から動かなければならなかった．したがって，白のクイーンが d6 で取られる前に，c3 のポーンはもうその位置にあった．それは，b2 にあったポーンが a3 の駒を取る前である．したがって，a3 にあるポーンがその位置に来る前に，c3 にあるポーンはその位置に来た．これは，元からあった c1 のビショップは c1, b2, a1 からけっして離れられないことを意味する．したがって，b2 のビショップは元からあった駒である．

17 • アーチーの謀反

白は，c8 にあるビショップから王手をかけられている．黒が指した最後の手はキングを f5 から動かしたのではない．なぜなら，f5 では 2 個の白のビショップに起こりえない王手をかけられていることになるからである．黒が指すことのできる唯一の最後の手は，g3 のポーンを f4 か h4 から動かして，g4 にあった白のポーンを**アンパサン**で取ることである．この最後の手の前に，白のポーンは g2 から動いたばかりであった．それゆえ，盤上にある 2 個の白のビショップはともに昇格した駒である．元からあったキング側のビショップは f1 で取られたのだ．

18 • 二つの駒落ち

クイーンを d8 から動かして，e8 にあった黒の駒を取り，黒のキングに王手をかけたのが白の最後の手である．その前の黒の手は何だろうか．（白のキングに王手がかかることになる）b6 からナイトを動かしたのではない．また，ポーンを動かしたのでもない．なぜなら，a6 のポーンは b7 から来たものであり，b5 のポーンは d7 から c6 を経て来たものであるが，これらのポーンのいずれかが最後に動いたのならば，白のキングは 6 段目を越えて最上段に達することができなかったからである．（c6 は，黒のポーンからの不可能な王手をかけられずに通過できる 6 段目の唯一のマスである．）盤上に今あるほかの黒の駒が最後の手にはなりえない．したがって，黒が指した最後の手は e8 で取られたばかりの駒である．それゆえ，その駒はビショップではない．その駒がクイーンかルークであったならば，e7 から来たものでなければならず，最後の手は e8 にある白の駒を取ることでなければならない．そうでなければ，黒のキングには，d8 にある白のクイーンからすでに王手がかかっているからである．e8 に動いた駒がナイトであったならば，そのナイトが（白のキングに王手をかけている）d6 から来たということはありえない．したがって，そのナイトは f6 から来たのでなければならず，それゆえ，e8 にあった駒を取ったのでなければならない．そうでなければ，この場合も黒のキングは白のクイーンからありえない王手をかけられていることになるからである．それゆえ，白の駒は e8 で取られた．このとき，e8 は白いマスであり，a6 と b5 のポーンが駒を取った三つのマスはすべて白である．したがって，盤上にない白の駒 4 個はすべて白いマスで取られたことになる．（白は，一つの駒を駒落ちして 15 個の駒でゲームを始めた．）その結果，白のクイーン側のビショップが駒落ちしていないのならば，そのビショップは白いマスで取られた 4 個の駒のうちの一つということになるが，それは不可能である．結果として，白はクイーン側のビショップを駒落ちしていたのである．

後半の問題でも，前半の問題と同じように白の 4 個の駒（e8 で 1 個，a6 と b5 のポーンによって 3 個）が取られたのでなければならない．h2 を出発したポーンがこの 2 個の黒のポーンのいずれかに取られることはありえないし，（問題の条件として与えられているように）昇格せずに e8 に達することもありえない．したがって，そのポーンが駒落ちしていなければならない．

注記： 前半の問題では，h2 を出発したポーンは**昇格した**．なぜなら，昇格しなければ，a6, b5, c6, a8 のいずれかに到達して取られることはできないからである．

19 • 不精なナイトの事件

まず，d7 は，d6 のポーンがもともとあったマスである．したがって，他の駒がそのマスにいたことはない．すると，とくに黒のクイーン側のナイトがそのマスにいたことはない．また，黒のクイーン側のナイトは 2 回しか動いていない．したがって，f6 のナイトはクイーン側のナイトではありえない．（クイーン側のナイトだとしたら，b8 から d7 を経由して来なければならないからである．）すると，c5 のナイトがクイーン側のナイトであり，d7 経由ではなく a6 経由でそこに来たことになる．また，黒のクイーン側のビショップも（もともとポーンがいた）d7 にいたことはないが，f5 に達するためには d7 を通過しなければならなかった．それゆえ，ほかの駒が d7 を通過したことはなかった．とくに，黒のクイーンが d7 を通過したことはなかった．すなわち，黒のクイーンは d7 にいたことも通過したこともなかったことになる．それにもかかわらず，黒のクイーンは b3 でポーンに取られたのでなければならない．なぜなら，黒のクイーンは唯一の盤上にない黒の駒だからである．どのようにして，黒のクイーンは b3 に達したのだろうか．d7 を経由しないのだから，黒のクイーンはまず b8 に行き，それから a7 に行って，そして a6 に行くかまたは通過したのでなければならない．このとき，このクイーンが b8 に行く前に，クイーン側のナイトは a6 に動かなければならない．そして，b3 で取られることになるこのクイーンがそこに達する前に，そのナイトは a6 を離れなければならない．それゆえ，c5 のナイトはクイーンが取られる前にその位置にいて，そのあと動いたことはない．また，b3 で取られることになるこのクイーンがそこに達する前に，a7 のポーンは b6 にあった駒を取った．また，クイーン側のビショップが c8 を離れたあとでなければ，クイーンは外に出ることができなかった．そのビショップが c8 を離れたのは d7 から来たポーンが d6 に動いたあとなので，クイーンが取られる前に d6 のポーンはその位置にいた．このようにして，c6 にある白のルークを取り囲む b6, c5, c7, d6 にある 4 個の駒は，すべて b3 でクイーンが取られる前に現在のマスにいて，そのあとは動いていない．さて，白のキングは一度も動いていないので，クイーンが b3 で取られたあとでなければ，白のクイーン側のルークは外に出て c6 に行くことはできなかった．それゆえ，c6 のルークはキング側のルークでなければならず，h1 に今あるのはクイーン側のルークである．したがって，キング側のルークが外に出て c6 に行く前に，キング側のナイトは g1 から動いていなければならない．そのナイトがf3に動いたとしたら，キング側のルークはc6に出ていくことはできない．（なぜなら，このナイトは一度しか動いておらず，キングは一度も動いていないからである．）それゆえ，キング側のナイトは，h3にあるナイトである．

20 • 不精なナイト？

a3で取られた黒の駒は（白いマスである）c8から来たビショップではない．したがって，a3で取られた黒の駒は，b7から来たポーンかそのポーンが昇格した駒である．

それが昇格した駒であったと仮定しよう．b7からg2に達するのに必要なだけの駒は取られていないので，そのポーンはb2を通過したことになる．それゆえ，a3で駒が取られたのは，ポーンの昇格よりも前である．これは，a3で取られたのは元からあった黒の駒であることを意味する．しかし，盤上に今ある黒の駒は，2個のルーク，2個のナイト，クイーン，そして黒いマスにあるビショップなので，それらのうちの一つは昇格した駒でなければならない．（なぜなら，a3で取られたのは，白いマスにあるビショップ以外のどれかの駒だったからである．）しかし，盤上には昇格した駒がないことが分かっている．したがって，b7から出発したポーンは昇格しなかった．

すなわち，b7から出発したポーンはa3で取られたのである．このポーンは，a3で取られる前にa列にある駒を取らなければならない．このa列にある駒を取る前は，a3にあるポーンはまだb2にあった．したがって，ビショップがc1から外に出て取られることはなかった．すると，b7から来たポーンに取られたのは白のルークである．そして，そのルークは，a3のポーンがまだb2にある間に外に出たことになる．したがって，それはキング側のルークでなければならない．キング側のルークは，g1に動いたあと，g2を通って外に出たのである．すなわち，g1のナイトはたしかに動いている．

21 • 不精なのはどのナイトか？

黒は今a2にあるビショップから王手をかけられている．白が指した最後の手は，d6にあるポーンをd5から動かすことだったのだろうか．もしそうであれば，その前の黒の手がなくなってしまう．なぜなら，h5にあるポーンを（キングに王手がかかっている）g6から動かすことはできないし，h6

からも動かせないし，クイーンとルークから不可能な同時王手がかかっていることになるので，黒のキングを e8 からも動かせないからである．それゆえ，白が指した最後の手は，d6 にあるポーンを c5（e5 でないことはすぐに明らかになる）から動かして，**アンパサン**でポーンを取ることであった．その直前の手で，黒のポーンが d7 から来た．そしてその前には，白のポーンが c4 から c5 に動いて，ビショップによる開き王手をかけた．（これが，この白のポーンが e5 ではなく c5 になければならなかった理由である．）そしてその前の黒の手は，ルークだけから王手のかかっていたキングを e8 から動かすことであった．そのときには黒のポーンが d7 にあり，クイーンが王手をかけるのを防いでいたのである．

したがって，黒が最後の手を指す前には，黒のポーンは d7 にあった．それゆえ，最初に c8 にあったビショップは外に出ていくことはできず，その位置で取られた．これで，盤上にない 6 個の黒の駒のうちの一つはここで取られたことになる．c3 と g5 のポーンは 2 個の駒を取っている．そして，d6 にあるポーンは c4 から来たが，その前は e2 から来ているので，残りの 3 個の駒を取っている．これで合計は 6 個になる．このとき，a7 から来た黒のポーンは，白のポーンに取られたか，そうでなければ昇格したことになるが，前者はありえない．なぜなら，この黒のポーンは c 列に達するためには少なくとも 2 個の駒を取らなければならないが，h5 のポーンが 2 個の駒を取っていることを考えると，取られた駒が 1 個多すぎるからである．したがって，a7 から来たポーンは昇格していて，昇格したマスは b1 である．その結果，b1 のナイトは動いたことがあり，g1 にいるのが不精なナイトでなければならない．

22 • ふざけたナイトの話

最後の手を指したのは白である．a1 にあるナイトが白だとしても，それは最後の手になりえない．また，c3 にあるポーンを b2 から動かしたのでもありえない．ポーンが b2 にあったとしたら，黒のキングは 3 段目を越えて最下段に達することはできないからである．それゆえ，最後の手は白のキングである．それは，あきらかに d3 や e2 から来たのではない．また，e1 から来たのでもない．なぜなら，e1 でクイーンとルークから同時に王手をかけられるようになる唯一の方法は e2 にあった黒のポーンが f1 にあった駒を取ってクイーンになることだが，これは 8 個の黒のポーンが盤上にあるので不可能だからである．それゆえ，白のキングはd1から来たのである．白のキングはd2にあった黒の駒を取っていなければならない．そうでなければ，黒のクイーンが王手をかけることはできなかっただろう．白のキングが取った黒の駒はルークではない．もしルークだとしたら，白のキングはそのルークとクイーンから不可能な王手をかけられていたことになるからである．また，白のキングが取った黒の駒はポーンでもない．なぜなら，盤上には8個のポーンがあるからである．またビショップでもない．なぜなら，黒いマスにいる元からあったビショップは最初の位置であるf8からけっして動くことはなかったし，ビショップに昇格することで盤上からなくなった黒のポーンもないからである．それゆえ，白のキングが取った駒はナイトである．（そして，その直前に黒が指した手はd3からクイーンを動かすことであった．このナイトがd3と白のキングの間にあったため，クイーンで王手はかかっていなかったのである．）したがって，二つめの黒のナイトがd2で取られた直後であり，黒は昇格もしていないので，a1のナイトは白のナイトでなければならない．

23 • 甲冑を交換したナイト

まず，g4, h4, h5にあるポーンは合計で5個の駒を取り，e6にあるポーンは1個の駒を取った．これで盤上にない6個の黒の駒すべての説明がつく．

今，黒のキングはb1のビショップから王手をかけられている．白が指した最後の手は，e6にあるポーンをf5から動かすことではない．なぜなら，そうだとするとさらに2個の駒を取る必要があるからである．したがって，a1とa3にある2個のナイトのうちの一つが白の駒でなければならず，最後の手はその駒がc2から動いたのである．このとき，黒が指した最後の手は何だろうか．それは，キングをg7から動かしたのではない．なぜなら，g7ではh8にあるビショップから不可能な王手をかけられていることになるからである．（取られた駒が多くなりすぎるので，このビショップがh8で昇格したことはない．）また，a6やh6にあるポーンでもない．なぜなら，その場合にはビショップが最初にいたマスに閉じ込められていることになり，取られた駒の数が増えてしまうからである．また，b8かd8にあるナイトということもありえない．なぜなら，そのナイトはb7かc6からしか来ることができないが，そこでは白のキングに王手がかかっているからである．そして，a1かa3にあるナイトでもない．なぜなら，そのいずれかがc2にあったとしても，もう一方は b3（a1 にあるナイトの場合）か c4（a3 にあるナイトの場合）からしか来ることができず，いずれの場合も白のキングに王手がかかるからである．

それゆえ唯一の可能性は，a3 にあるナイトが実際には白の駒で c2 から来たところであり，a1 にあるナイトは黒の駒で，黒が指した最後の手は b2 にあったポーンが a1 にあった駒を取ってナイトに昇格することである．

24 • いにしえのパズル

まず，h2 のビショップは昇格した駒である．なぜなら，元からあった黒のキング側のビショップは最初の位置で取られたのでなければならないからである．このビショップに昇格する黒のポーンは，h7 から来たものでなければならない．

次に注目すべき点は，黒のクイーン側のルークは，ポーンに取られることのできた唯一の黒の駒であることだ．なぜなら，黒のキング側のビショップは f8 で取られ，黒のクイーン側のビショップは駒落ちしており，ポーンに取られたナイトはなく，盤上にない唯一の黒のポーンはビショップに昇格したからである．したがって，黒のクイーン側のルークは，ポーンに取られた唯一の黒の駒である．たしかにそのルークは g3 か g4 のポーンのいずれかに取られたのである．それ以外の白のポーンは駒を取っていない．とくに，c2 や d2 から来たポーンは駒を取っていない．

b6 で取られた駒は何だろうか．それはポーンではない．なぜなら，白のポーンは駒を取ることなく b6 に到達することはできないからである．また，（白いマスにいる）白のキング側のビショップでもないし，ポーンに取られたナイトはないので，ナイトでもない．それゆえ，b6 で取られた駒はクイーンかルークである．そして，白のクイーンと 2 個のルークは盤上にあるので，白のポーンが昇格したことになる．その昇格する白のポーンは駒を取っていないので，c2 から来て c8 で昇格したのでなければならない．その白のポーンを通すためにまず b6 で駒が取られたので，b6 で取られたのは**元からあった**クイーンかルークである．そして，昇格するポーンは，それを埋め合わせするように今は盤上にあるクイーンかルークに昇格したのでなければならない．それ以外の白のポーンは，昇格するためには駒を取らなければならないので，昇格していない．それゆえ，c8 のナイトは，たとえ白の駒であったとしても昇格したナイトではない．このとき，このナイトは，昇格した駒がc8を離れたあとにc8に来た．すなわち，このナイトがc8に来たのは，b6にあるポーンがすでにその位置に来たあとである．それゆえ，このナイトはc8で昇格したのではないので，d6から来たのでなければならない．このナイトが白の駒ならば，（入城のできる）黒のキングは最初にいたマスを離れたことがなく，王手がかかっていたことになる．したがって，c8のナイトは黒の駒であり，h1のナイトは白の駒である．

対をなす問題では，同じ論証によって，b6で取られた駒はクイーンかルークであることが示される．そして今度も白のポーンはc7を経由して昇格しているので，先にb6で駒が取られ，それからポーンが盤上にある白のルークかクイーンのうちの一つに昇格した．c7を経由して昇格した白のポーンはb8で駒を取っていない．それゆえ，そのポーンはc8で昇格したのでなければならない．

このとき，c8のナイトが黒の駒だと仮定しよう．そのナイトは，昇格した白のルークかクイーンがc8を離れたあとに，d6を経由してc8に到達したのでなければならない．なぜなら，b6にはポーンがすでにあったからである．これは，白のポーンがc8でクイーンかルークに昇格した時点では，今d6にあるポーンはまだd7にあったことを意味する．したがって，黒のクイーン側のビショップはc8から出ることができないので，a2にある黒のビショップは昇格した駒である．そして，それに昇格する黒のポーンはh7から来たのでなければならない．そのポーンはf1かh1で昇格したことになるが，f1で駒を取らなければf1で昇格しえない．それゆえ，そのポーンはh1で昇格したことになる．g3のポーンはh1からビショップを外に出すためにg2から動いているが，そうするとh1にあるナイトはそこに到達することができなくなる．

こうして，c8のナイトが黒の駒であるという仮定から矛盾が生じた．したがって，c8のナイトは白の駒であり，h1のナイトが黒の駒である．

このとき，白のナイトがc8にあるのは何の問題もないことに注意しよう．（黒が駒落ちしていない）この問題では，c8で二つめの昇格が起きえない理由はない．実際，その昇格は起きていなければならない．なぜなら，この白のナイトが昇格した駒でなければ，d6を経由して入ってくることはできないからである．したがって，c8にある白のナイトは昇格した駒である．

25 • 見えないナイト

黒のポーンがh6で取った駒は何だろうか．それは，白のキング側のビショップではない．なぜなら，h6は黒いマスだからである．また，白のポーンでもない．なぜなら，盤上にない黒の駒は3個だけなので，h6に到達するためには取らなければならない駒の数が多くなりすぎるからである．したがって，白のポーンは昇格したのである．昇格する白のポーンはc2から来たものでなければならない．（e2から来たポーンでは，やはり取らなければならない駒の数が多くなりすぎる．）あきらかに，そのポーンは少なくとも2個の駒を取っていなければならない．なぜなら，c5にある黒のポーンは，黒の初手以降はそこにあるからである．また，2個より多くの駒を取ることはできない．なぜなら，a3にあるポーンが黒の駒を1個取っているからである．したがって，白のポーンはちょうど2個の駒を取って，c8かa8で昇格したことになる．しかし，c8で昇格することはありえない．なぜなら，そのためにはc7を通っていなければならず，そのとき黒のクイーンに利いてしまうからである．それゆえ，白のポーンはa8で昇格した．

a5にあるルークは一度しか動いていないので，そのルークはクイーン側のルークでなければならない．このとき，c2から来た白のポーンが昇格するまでに取った黒の駒2個は何だろうか．このポーンとa3のポーンをあわせると，クイーン側のビショップ，キング側のビショップ，キング側のルークを取っている．クイーン側のビショップは，a3で取られていないので，キング側のビショップかキング側のルークとともにc2から来たポーンに取られたことになる．したがって，キング側のビショップとキング側のルークのうち，一つはa3で取られ，もう一つはc2から来たポーンが昇格するまでに取ったことになる．このとき，キング側のビショップもキング側のルークも，h6で駒が取られる**前**には外に出ることができなかった．これは，h6で駒が取られたのは，ポーンが昇格する前で**かつ**a3で駒が取られる前であることを意味する．h6で駒が取られたのはこの昇格の前なので，h6で取られた駒は元からあった駒である．また，h6で駒が取られたのはa3で駒が取られる前なので，h6で取られた駒は白のクイーン側のビショップでも白のクイーン側のルークでもない．なぜなら，a3で駒が取られる前には白のクイーン側のビショップはc1に閉じ込められており，そのビショップも白のクイーン側のルークもh6に出ていくことはできなかったからである．また，h6で取られた駒は白のキング側のルークでもない．なぜなら，白のキングは動いたことがないので，キング側のルークは出ていけないからである．そして，h6で取られた駒は，一度も動いたことのない白のクイーンでもない．したがって，h6で取られた駒は元からあった白のナイトである．今は盤上に白のナイトが（1個は見えないが）2個ある．したがって，そのうちの1個は昇格した駒でなければならない．すると，c2から来たポーンはa8でナイトに昇格したことになる．

昇格するポーンは黒のクイーン側のビショップを取ったことを思い出そう．そのビショップが取られる前に，b6にあるポーンはb7から動いてビショップを外に出した．すると，b6にあるポーンは，c2から来たポーンが昇格するより前にb6にいたことになる．したがって，昇格した白のナイトは，a8からb6や黒のキングに王手をかけることになるc7を経由して外に出ることはできなかった．つまり，昇格した白のナイトはまだa8にいる．

26 • どちらのナイトが有罪か？

b3にあるナイトは3回以上動いていなければならないことを証明する．

そのナイトが2回しか動いていないと仮定する．すると，そのナイトはb1からd2に動き，それからb3に動いて，そのあとは動かなかったことになる．このとき，f3のポーンに取られた黒の駒は，e7から来た黒のポーンではありえない．なぜなら，この黒のポーンがf列に来るために駒を取ったのはf3のポーンがまだe2にある間でなければならないが，白のルーク（盤上にない白の駒はこの2個だけである）はいずれも2段目までしか進めないからである．したがって，e7から来た黒のポーンは昇格したことになる．盤上には昇格した駒はないので，f3で取られたのはその昇格した駒である．すると，その昇格より前には，f3にあるポーンはまだe2にあり，h3にあるビショップはまだf1にあった．したがって，この昇格するポーンはe3からd2にある駒を取ったのでなければならないし，もちろんそれはd3にあるポーンがd2から動いたあとである．この昇格するポーンが取った駒は何か．それは，キング側のルークではありえない．なぜなら，キング側のルークは，キング側のビショップによって閉じ込められていたからである．したがって，昇格するポーンが取った駒はクイーン側のルークである．このとき，クイーン側のナイトがまだb1にある間や，もちろん，そのナイトがd2にある間には，クイーン側のルークはd2に達することはできなかった．それゆえ，b3にあるナイトがその位置に来たのは，クイーン側のルークが取られる前，したがって黒のポーンが昇格する前であり，それゆえ，昇格した駒がf3で取られる前である．そして，昇格した駒がf3で取られたのは，キング側のビショップが最初の位置から動く前である．したがって，キング側のビショップが最初の位置から動く前に，b3, d3, f3にある駒はすべてその位置に来ていて，そのあと動くことはなかった．したがって，キング側のビショップは，f1, e2, d1, c2, b1, a2以外のマスに行くことはできず，けっしてh3に達することはできなかった．

これで，b3にあるナイトが2回だけしか動かないのは不可能であることが証明された．したがって，e4のナイトが2回しか動いていないナイトである．すなわち，b3にあるナイトが有罪である．

27 • 宰相が殺人事件を解決する

e6にある黒のポーンが取ったのは，盤上にない白のルークである．そのルークは，（そう見えるように）キング側のルークであると仮定する．すると，キングは動いたことはないので，そのルークを外に出すためにf3とg3のポーンは交差して駒を取ったことになる．このとき，e6にあるポーンが駒を取る前に，白が取ることのできる黒の駒はf8から来たビショップだけである．（なぜなら，黒のクイーンやクイーン側のビショップ・ルークはすべて閉じ込められているからである．）しかし，キング側のルークを外に出すためには，g3で駒を取る前にf3で駒を取らなければならない．これは，f8から来たビショップが白いマスであるf3で取られたことを意味するが，これは不可能である．したがって，e6で取られたのは，白の**クイーン側**のルークであり，a1にあるルークは実はh1から来たのである．

一連の動きは次のようになる．まず，d3にあるポーンがまだc2にある間に，f8から来た黒のビショップがc3で取られる．それから，白のクイーン側のルークが外に出てe6で取られる．これで，盤上にない残りの黒の駒3個が解放された．このとき，キング側のルークがa1に達するためには，f3とg3のポーンも交差して駒を取らなければならない．そして，黒のクイーンはこのポーンに取られたのである．したがって，d8にあるナイトは無実である．

28 • スパイの謎

この局面が可能であるためには，実は白が盤の上から下に向かってポーンを進めていて，白のナイトが本当はa4から来た白のポーンで，b4にあった黒のポーンを**アンパサン**で取ったところでなければならない．

29 • スパイの謎 II

黒は，ビショップから王手をかけられている．白が指した最後の手はb6にあるポーンだが，このポーンはb5から来たのではない．なぜなら，このポーンは元はといえばf2から来たポーンだからである．したがって，そのポーンはc5から来てb5にあった黒のポーンを**アンパサン**で取ったのでなければならない．黒のポーンは，その直前にb7からb5に動いたことになる．そうすると，白はその前の手でどのようにして王手をかけたのだろうか．唯一の可能性は，a6にある黒のナイトが実はc6から動いた白のルークだということである．

2番目の問題に関しては，黒のポーンはb7にいたので，白のキングが6段目を越えて現在のマスに到達できる唯一の方法は黒のキングが動くことである．したがって，この先，黒が入城することはできない．

30 • 達人スパイの謎

h4にあるビショップはスパイにはなりえない．なぜなら，そのビショップが白の駒だとしたら，c1から抜け出すことはできなかったからである．それゆえ，そのビショップは本当に黒の駒であり，白のキングは実際に王手をかけられている．したがって，黒は王手をかけられていない．これは，黒のナイトや黒のクイーンやh8にあるルークが実は白の駒にはなりえないことを意味する．また，a8にあるルークもスパイにはなりえない．なぜなら，もしそのルークがスパイだとすると，f1にあるビショップは本物であり，白の2個のルークはいずれも1段目を離れてa8に達することはできないからである．それゆえ，スパイはc4のクイーンかf1のビショップである．前者であれば，盤上には黒のクイーンが2個あり，そのうちの一つは昇格した駒である．後者であれば，f1のビショップは実際には黒の駒であり，あきらかに昇格した駒でなければならない．なぜなら，c8にあった黒のビショップはけっして外に出られなかったからである．したがって，いずれの場合も黒は昇格をしている．

f1 にあるビショップが本物だとすると，つぎのような矛盾が生じる．昇格する黒のポーンは，f2 まで来て e1 か g1 の駒を取らなければならない．その昇格するポーンが c7 から来たのであれば，f2 に達するまでに 3 個の駒を取り，そこから 4 個目の駒を取る．そのポーンが e7 から来たのであれば 2 個の駒を取っていて，e5 にあるポーンも c7 から来るために 2 個の駒を取るので，やはり 4 個の駒を取る必要がある．それゆえ，ポーンに取られた白の駒は 4 個になるが，それは不可能である．なぜなら，盤上にない白の駒は 2 個のルークとナイトとクイーン（f1 のビショップが白の駒であれば，仮定によって c4 のクイーンは黒の駒になる）であり，このルークの一方だけが（e1 か g1 で）ポーンに取られることができ，残りの 3 個は外に出ることができないからである．したがって，f1 のビショップは本物ではない．すなわち，そのビショップがスパイである．

注記：このとき，黒のポーンが f1 でビショップに昇格することに何ら問題はない．なぜなら，f1 にあった白のビショップは最初の位置で取られ，2 個の白のルークは自由に外に出られたからである．また，このポーンは e1 や g1 ではなく f1 で昇格したので，取る必要のある駒は 4 個ではなく 3 個だけである．そして，その取られた 3 個の駒は，白のルーク 2 個と盤上にないナイトである．

31 • ビショップの裁判

黒の 2 個のナイトは，白のキングに王手がかからないマスから動くことはできなかった．したがって，黒が指した最後の手は f5 にあるポーンである．そのポーンが e6 か g6 から動いたと仮定しよう．すると，そのポーンはそれ以前に f7 からもう一つ駒を取ったことになる．また，h6 のポーンも駒を取っている．これで合計 3 個の駒が取られている．すると，その取られた 3 個の駒は，白のクイーンと 2 個のルークである．したがって，白のキングは動いたことがないので，クイーン側のルークを外に出すために b3 と c3 の白のポーンは交差して駒を取らなければならなかった．ここで取られた 2 個の駒に h3 のポーンが取った駒を加えると取られた駒が 1 個多すぎる．なぜなら，黒のクイーン，クイーン側のビショップ，クイーン側のルークは外に出られなかったからである．（黒のキングは動いたことがないことを思い出そう．）それゆえ，f5 のポーンが e6 や g6 から動いたことはありえず，したがって f6 か f7 から動いたのである．

このとき，h3 にある白のポーンが取った駒は，黒のキング側のルークでなければならない．（そのルーク以外にポーンで取ることのできた盤上にない黒の駒はキング側のビショップだけであるが，そのビショップは黒いマスにしか動けない．）そのルークを外に出すために，その前に h6 で駒が取られた．（なぜなら，f5 のポーンは最後の手の前には f6 か f7 にいて，黒のキングは動いたことがないからである．）g8 のナイトは，f6 を経由して g8 に達することはできない（f6 では黒のキングに王手がかかり，黒のキングを動かしてしまう）ので，h6 を経由して g8 に達した．これは，h6 で駒が取られる前にこのナイトが g8 に達し，h6 で駒が取られたあとはずっと動いていないことを意味する．したがって，h6 で駒が取られた直前には，このナイトは g8 にいた．そして，その時点で黒のキング側のルークが h8 にいることはありえない．もしそのルークがその時点で h8 にいたとしたら，それ以降は h8 を離れられなかったであろう．したがって，黒のキング側のルークは f8 か f7 にいたことになる．このとき，f5 にあるポーンが最後の手で f7 から動いたのならば，h6 で駒が取られたあとに黒のキング側のルークは f8 にいて，そこから動けなかったであろう．したがって，f5 にあるポーンは f7 からではなく f6 から動いたのである．それ以前に，この黒のルークは f7 から抜け出すために f7 から g7 に動いたのでなければならない．その時点で，f5 のポーンは f6 にいて，したがって g7 のビショップは f8 か h8 にいなければならない．つまり，g7 のビショップはたしかに最上段にいたことになる．

32 • 行方不明のポーンの謎

c3 で取られた黒の駒はナイトではない．なぜなら，ナイトだとすると白のクイーンに利いていたことになるからである．また，白いマスしか動けないビショップでもないし，（そこに達するためには取る必要のある白の駒が多すぎる）ポーンでもない．したがって，c3 で取られた駒は，クイーンかルークか黒いマスを動くビショップである．しかし，黒のクイーン，2 個のルーク，そして，黒いマスを動くビショップは盤上にある．したがって，これらのうちの一つは昇格した駒であるか，そうでなければ昇格した駒は c3 で取られたことになる．すなわち，黒のポーンは昇格したのである．盤上にないg7から来たポーンが，f列かh列で駒を取り，それからg2でもう一つ駒を取ってg1で昇格したのでなければならない．（e2を経由して昇格することはできない．なぜなら，白のキングもクイーンも黒の駒が利いたことはないからである．）盤上にない白の駒は，クイーン側のルークとキング側のビショップである．クイーン側のルークはg2に達することができないので，g2で取られたのはキング側のビショップである．さて，取られることになるクイーン側のルークが外に出る前に，b3とc3のポーンはともに駒を取っている．（なぜなら，ポーンがc3の駒を取る前には，白のクイーン側のビショップはc1から動けないからである．）したがって，b3とc3のポーンが駒を取ったのは，黒のポーンが昇格する前である．すると，c3で取られたのは昇格した駒ではない．したがって，昇格した駒は盤上にあるクイーンかルークかビショップである．昇格したビショップはg1を離れることができず，g1で昇格したルークはa8やh8に達することはできないので，昇格した駒はクイーンである．

33 • 美女と騎士

白のクイーン側のビショップとルークは，b6とf6で取られた．このルークを外に出すために，a3とb3にあるポーンは交差して駒を取った．（なぜなら，白のキングは動いたことがないからである．）これらのポーンは2個の黒のビショップを取った．いかなる駒が取られるよりも前に自由に外に出ることのできた唯一の駒は，黒のクイーン側のビショップであり，したがってそのビショップが最初に取られた駒である．そのビショップはb3で取られ，それによって白のクイーン側のルークが自由になったが，白のクイーン側のビショップはまだ動けない．このとき，黒のキング側のビショップはa3で取られたが，その前にそのビショップを外に出すためにf6で駒が取られた．また，白のクイーン側のビショップはa3で駒が取られたあとでなければ外に出られないので，f6で駒が取られたのは，取られることになる白のクイーン側のビショップが外に出る前である．したがって，白のクイーン側のビショップはb6で取られた．（そして，白のクイーン側のルークがf6で取られた．）これは，a3で駒が取られたのはb6で駒が取られる前であることを意味する．また，a2にある黒のルークは，a3で駒が取られる前からa2（またはh1, a1, c1）にあった．（なぜなら，a3で駒が取られたあとでは，そこにルークが入ることはできないからである．）つまり，a2にあるルークは，b6 で駒が取られる前，したがって黒のクイーン側のルークが外に出る前に，a3 と b3 のルークの後ろに回った．それゆえ，a2 のルークがキング側のルークでなければならない．

（一連の動きは次のようになる．まず，黒のクイーン側のビショップが b3 で取られる．それから，白のクイーン側のルークが外に出て f6 で取られる．これで，黒のキング側のビショップとルークがともに自由に動けるようになる．そして，黒のキング側のルークは a2 に回り込み，それから黒のキング側のビショップが a3 で取られる．それから，白のクイーン側のビショップが外に出て b6 で取られる．それから，黒のクイーン側のルークが外に出て h3 に行く．）

34 • 魔法の絨毯の物語

盤上にない黒の駒は，クイーン，クイーン側のビショップ，クイーン側のルークである．これらの駒は，いずれも e6 で駒が取られるまで外に出ることができない．それゆえ，e6 で駒が取られたあとでなければ，黒の駒がポーンに取られることはない．とくに，e6 で駒が取られたのは，c3 で駒が取られる前であった．したがって，e6 で取られた駒は白のクイーン側のルークではない．（なぜなら，そのルークはまだ外に出られないからである．）また，e6 で取られたのは盤上にない白のポーンでもない．なぜなら，白のポーンが e6 に達するためには黒の駒を少なくとも 1 個取らなければならないが，取るべき駒はまだ一つも外に出られていないからである．したがって，盤上にない白のポーンは昇格したのである．その白のポーンは昇格するまでにいくつかの黒の駒を取らなければならない．したがって，e6 で駒が取られたのはこのポーンが昇格する前であり，取られた駒は元からあった駒である．このとき，この昇格するポーンが g2 から来たのであれば，2 個の駒を取っていなければならない．（なぜなら，キングに王手がかかる f7 を通っていないからである．）そのポーンが f2 から来たのであれば，少なくとも 1 個の駒を取っていなければならず，f3 にあるポーンも 1 個の駒を取っていなければならない．いずれの場合も，もともと f2 と g2 にあったポーンはあわせて 2 個の駒を取っていることになり，c3 にあるポーンはさらに 1 個の駒を取っている．それゆえ，盤上にない 3 個の黒の駒は，すべてこれらのポーンに取られたことになる．とくに，黒のクイーンはポーンに取られる直前にポーンが利いているので，それ以前にはそのほかの駒が利いたことはなかった．これは，e6で取られた元からあった白の駒はナイトではないことを意味する．なぜなら，その駒が取られる直前に，クイーン側のビショップはまだ動いていないので，クイーンはまだ最初の位置から動いておらず，ナイトが利いてしまうからである．また，e6で取られた駒はクイーンでもない．なぜなら，白のキングにもクイーンにも黒の駒が利いたことはないからである．そして，e6で取られた駒はクイーン側のルークでもないし（これはすでに証明した），白は入城できるのでキング側のルークでもない．それゆえ，e6で取られた駒はビショップであり，したがってc4にあるビショップは昇格した駒でなければならない．その駒はg8で昇格したのでなければならず，それが昇格したときにe6とg6にあるポーンはいずれもすでにその位置にあった．(e6のポーンについては，すでにこのことが分かっている．そして，昇格するポーンはその途中でf7を通ってはいないので，g7を通っていなければならない.）このg8で昇格したビショップが合法的にg8を離れてc4に達することはできなかったので，魔法の絨毯を使ったのはこのビショップである．このビショップが魔法の絨毯を手に入れる前は合法的に動いており，f7に行くことはできなかった．したがって，このビショップはg8で魔法の絨毯を手に入れたことになる．このようにして，c4にあるビショップは実際には昇格した駒であり，g8で魔法の絨毯を手に入れたのである．

35 • 幽霊ビショップ

c6でポーンに取られた駒は，（けっしてf1を離れることのなかった）白のキング側のビショップでも，（黒いマスしか動けない）白のクイーン側のビショップでもない．したがって，c6でポーンに取られた駒は白のクイーンである．このとき，b3にあるポーンがb2から動く前に，a2にある黒のビショップはその位置かb1にいた．そしてそれより前に，黒のクイーン側のビショップを外に出すために，c6で駒が取られた．したがって，白のクイーンがc6で取られたのは，b3のポーンがまだb2にある間である．すると，クイーン側のビショップがc1から動くかまたはc1で取られたあとでなければ，白のクイーンが外に出てc6で取られることはない．クイーン側のビショップはc1から動くことはできなかった．なぜなら，ポーンがまだb2にいたからである．それゆえ，クイーン側のビショップがc1で取られて，その結果として白のクイーンは自由に動けるようになった．すなわち，幽霊ビショップは盤上になく，最初の位置で取られたのである.

36 • 幽霊ビショップII

a2 にあるビショップが**元からある**駒ならば，前問と同じ論証によって白のクイーン側のビショップは最初の位置で取られていなければならない．しかし，白のクイーン側のビショップは最初の位置で取られたのではないことが分かっている．それゆえ，a2 にあるビショップは昇格した駒でなければならない．この昇格するポーンは a7 から出発して 1 個の駒を取り，（白いマスである）b1 で昇格していなければならない．そして，そのポーンは幽霊ビショップを取っていなければならない．（白のクイーンは，前問と同じように c6 で取られている．）したがって，そのポーンは b3 のポーンの後ろ側，すなわち，b2 で幽霊ビショップを取った.

37 • 二つの幽霊ビショップ

この問題でも，白のクイーンは c6 で取られた．そして，盤上に黒のポーンは 8 個あるので，a2 にあるビショップは元からある駒でなければならず，実質的に問題 35 と同じ論証によって，白のクイーン側のビショップはその最初の位置で取られたことになる．それゆえ，盤上に今ある白の幽霊ビショップは，昇格した駒でなければならない．これに昇格するポーンは g2 から来たのでなければならず，そして黒の駒で盤上にないのはたかだか 1 個なので，そのポーンは h8 で昇格した．そして，ポーンが g7 にあるので，その昇格したビショップはまだ h8 にいる.

この昇格するポーンが取ることのできた黒の駒は，黒の幽霊ビショップだけである．そして，そのビショップが取られたのは h6 でなければならない.

38 • 幽霊ビショップの最高傑作

黒のキング側のビショップは盤上にない．クイーン側のビショップは幽霊であり，取られたかもしれないし，見えないけれども盤上にいるかもしれない．それ以外に盤上にない黒の駒はない．（駒落ちしていたナイト以外の）元からあった白の 15 個の駒のうち，盤上にないのはクイーン，クイーン側のビショップ，クイーン側のルークである．

黒のキング側のビショップがa3で取られたのは明らかである．そのビショップは，f6で駒が取られたあとでなければ外に出ることができなかったので，f6で駒が取られたのはa3のポーンがまだb2にある間である．その白のポーンがまだb2にある間に外に出てf6で取られることのできた白の駒は，クイーンだけである．したがって，そのクイーンは白または黒の駒で最初に取られた駒であり，f6で取られたことになる．このクイーンが取られる前は，a3にあるポーンはずっとb2にあり，白のキングは動いたことがないので，c3にあるポーンはクイーンを外に出すためにc2から動いたのでなければならない．それゆえ，b2にあったポーンがa3で駒を取る前に，c3にあるポーンはその位置にあった．このとき，（白いマスである）a6で取られた白の駒は，（ポーンがc3に来たあとではどうやっても外に出ることのできない）白のクイーン側のビショップでも，（以前にf6で取られている）白のクイーンでもないので，白のクイーン側のルークである．しかしそのルークは，a3で駒が取られたあとでなければ外に出ることはできなかった．このとき，a3で駒が取られたあとでは，b1にあるナイトは外に出ることができない．なぜなら，このナイトが外に出るためのもう一つのマスであるc3にはポーンがあるからである．それゆえ，a3で駒が取られた直後には，白のクイーン側のルークはc1かc2にいた．しかし，白のクイーン側のビショップがまず最初の位置で取られなければ，そのルークはc1かc2に行くことはできなかった．それゆえ，白のクイーン側のビショップは最初の位置で取られ，それ以外に最初の位置で取られた駒はない．とくに，幽霊ビショップは最初の位置で取られたのではない．したがって，幽霊ビショップが取られたのだとしても，それは白のルークがa6で取られたあとであり，それはa3で駒が取られたあとであり，それはナイトがb1で動けなくなったあとである．すなわち，幽霊ビショップは，b1にあるナイトに取られたのではない．なぜなら，このナイトは幽霊ビショップが外に出られるようになる前に動けなくなっているからである．また幽霊ビショップは，あきらかに盤上に今あるほかの白の駒に取られたのでもない．そして，盤上にない白の駒に取られたのでもない．なぜなら，盤上にないすべての白の駒は，幽霊ビショップが外に出られるようになる前に取られているからである．したがって，幽霊ビショップはまだ盤上のどこかにいて，ほかの駒を怖がらせて楽しんでいる．

39 • 魔神の物語

実際には白の駒は15個が盤上にあり，盤上にないのはクイーンだけである．盤上にない黒の駒は，クイーン，g7にあったポーン，黒のクイーン側のルークである．黒のクイーン側のルークはa7, a8, b8のいずれかで取られた．白のクイーンはb6で取られた．その前に，そのクイーンを外に出すために，（白のキングが動いたことはないので）c3にあるポーンは駒を取った．このポーンがc3で取った駒は何だろうか．それは黒のクイーンではない．なぜなら，白のクイーンがb6で取られる前に黒のクイーンが外に出ることはできなかったからである．また，黒のクイーン側のルークでもないし，g7から来たポーンも取る駒がないので，そのポーンでもない．したがって，このポーンはg列をまっすぐ進み，g1で昇格したことになる．このポーンが昇格する前に，h3にあるポーンは駒を取っていなければならない．ポーンに取られることのできた盤上にない黒の駒は2個だけ（黒のクイーン側のルークはポーンに取られえない）で，クイーンはそのうちの一つであり，c3で取られたのではないので，黒のクイーンはh3で取られたことになる．それゆえ，c3で駒が取られたのは，（黒のクイーンを外に出すために白のクイーンはb6で取られなければならず，その白のクイーンを外に出すために）黒のクイーンがh3で取られる前であり，したがってg7から来たポーンが昇格する前である．それゆえ，c3で取られたのは元からあった駒である．したがって，盤上に昇格した黒の駒がある．なぜなら，その昇格した駒が取られているのであれば，c3とh3で取られた駒および黒のクイーン側のルークをあわせると取られた駒が1個多すぎるからである．では，盤上にあるどの黒の駒が昇格した駒だろうか．それはh8にあるルークではない．なぜなら，黒は入城できるからである．また，ナイトでもない．なぜなら，g1でナイトに昇格すると，すでにポーンのあるh3も，王手をかけて白のキングを動かすことになるf3も経由できないので，g1から抜け出せないからである．したがって，昇格した駒はg7にあるビショップである．すなわち，ポーンはg1でビショップに昇格した．そのビショップがg1から抜け出すためには，まずf3にあるポーンがf2から動かなければならない．それゆえ，このビショップがg1から抜け出したときから，e2, f3, h3にあるポーンはすべてその位置にある．したがって，g1にあるナイトが本物だとしたら，けっしてg1に入ることはできない．すなわち，g1にあるナイトが魔神である．

40 • 魔神の物語 II

魔神分解粉を見つけるのはきわめて簡単である．h4 にあるポーンは黒のクイーン側のルークを（h4 か h3 で）取った．したがって，そのルークを外に出すために，b6 と c6 にあるポーンは交差して駒を取った．b6 と c6 で取られた駒はナイトとキング側のルークである．キング側のルークは，黒のルークが h4 でポーンに取られたあとでなければ外に出られないので，b6 と c6 で取られた駒のうち先に取られたのはナイトである．また，この黒のルークが外に出なければならないので，c6 で駒が取られたのは b6 で駒が取られたあとである．なぜなら，b7 にポーンがある間は黒のクイーン側のビショップがまだ c8 にあるからである．それゆえ，ナイトは c6 で取られ，白のルークは b6 で取られたのである．

41 • 目立たない魔神の物語

問題は，白のキング側のルークは黒のクイーン側のルークを外に出すために c6 で取られたが，黒のクイーン側のルークは白のキング側のルークを外に出すために f3 で取られていなければならないことである．これは，残ったルークのいずれかを取り除いても打開することはできない．なぜなら，この 2 個のルークはいずれも外に出て取られることはできなかったからである．また，ナイトを取り除いてもこの事態を打開することはできない．なぜなら，問題にしているマス（f3 と c6）のいずれかでナイトが取られたとしたら，（その時点まで動いたことのない）キングかクイーンのいずれかにナイトが利いてしまうからである．また，白のクイーンは外に出ることができず，黒のクイーンとクイーン側のビショップは d7 にあるポーンに閉じ込められている．したがって，これらの駒はいずれも魔神にはなりえない．

この行き詰まった状況を抜け出す唯一の方法は，f1 にあるビショップを取り除くことである．そうすると，e3 にあるポーンが黒のキング側のビショップを取ったあと，白のキング側のルークは f 列に出ていくことができるからである．すなわち，f1 にあるビショップが魔神である．

注記： それでも，c6 で取られたのは白のキング側のルークである．なぜなら，黒のクイーン側のルークが外に出て f3 で取られたあとでなければ，白のキング側のビショップは外に出ていけないからである．

問題の後半は次のように分析する．この問題を解くには，問題の前半で直面したのと同じ問題から抜け出す必要がある．h1 にあるルークが魔神ならば，前半と同じ理由によって f1 にあるビショップもまた魔神でなければならない．すなわち，f1 にあるビショップが本物ならば，f3 で駒が取られるより前に，h1 にあったルークが外に出て取られることはできない．したがって，h1 にあるルークは本物である．また，f1 にあるビショップが魔神だとしてもつじつまがあわない．なぜなら，そのビショップが魔神ならば，h1 にあるルークは本物であり，したがって c6 で取られてはいないし，f3 で駒が取られるより前に白のキング側のビショップが f1 を離れて c6 で取られることもできないからである．したがって，f1 と h1 にある駒はともに魔神ではない．また，a1, b1, d1 にある駒はいずれも前半と同じ理由によって魔神ではない．このようにして，盤上にあるすべての白の駒は本物であり，c6 で取られた白の駒はナイトでなければならない．このとき，d8 にある黒のクイーンが魔神であることはない．なぜなら，このクイーンが魔神ならば，本物の黒のクイーンは取られていて，取られる前には白の駒が利いていたことになるからである．したがって，d8 にある黒のクイーンは本物である．白のナイトが c6 にあり黒のポーンが d7 にある間，そのクイーンはどのようにしてナイトが利かないマスにいたのだろうか．それは，c8 にある黒のビショップが魔神であるときのみ可能である．その場合，クイーンは c8 にいればよい．したがって，c8 にある黒のビショップが魔神である．

42 • また別の魔神の物語

黒が入城できるのでなければ，白はクイーンを a6 に動かすことにより 2 手で詰む．黒が次にどのような手を指したとしても，クイーンを c8 に動かせばよいからである．したがって，黒が助かる方法は入城だけである．黒は入城できるのだろうか．h2 にあるビショップが本物ならば黒は入城できないこと，あるいはそれと同値な，黒が入城できるならば h2 にあるビショップは魔神であることを証明する．

それでは，黒が入城できるものと仮定しよう．このとき，黒のクイーン側のルークは外に出てポーンに取られたのではない．とくに，c3 で取られた駒は黒のクイーン側のルークではない．また，c3 で取られた駒は，盤上にない黒のポーンでもない．なぜなら，そのポーンが e7 から来たのであれば 2 個の駒を取ったことになり，f6 と g6 にあるポーンも 2 個の駒を取っているので，取られた駒が2個多くなり，そのポーンがほかのマスから来たのであればさらに多くの駒を取る必要があるからである．それゆえ，盤上にない黒のポーンは昇格したのである．

e4にある白のポーンはe2から来た．そうでなければ，そのポーンとc3とg3にあるポーンが取った駒の合計が取られた駒の数よりも2個多くなってしまうからである．そして，このポーンはずっとe列にいた．そうでなければ，このポーンが2個，c3にあるポーンも1個の駒を取ったことになるが，黒のクイーン側のルークが外に出られずにこれらのポーンで取れないことを考えると，取られた駒が1個多くなってしまうからである．それゆえ，昇格した黒のポーンがe7から来たのであれば，そのポーンは少なくとも1個，f6とg6にあるポーンも2個の駒を取っていなければならないが，これでは取られた駒の合計が1個多くなってしまう．それゆえ，昇格した黒のポーンはe7から来たのではない．したがって，f6にあるポーンがe7から来たのであり，昇格したポーンはg7かh7から来たことになる．このとき，g3にある白のポーンはh2から来ることはできない．そのポーンがh2から来たのであれば，そのポーンとc3にあるポーンはともに黒いマスで駒を取ったことになるが，取られた駒のうちの一つは（白いマスを動く）黒のクイーン側のビショップでなければならないからである．したがって，g3にあるポーンはg2から来たことになる．これは，黒の昇格したポーンがg7から来た駒ではないことを意味する．なぜなら，そのポーンがg7から来たのであれば1個の駒を取らなければならず，g6にあるポーンも（h7から）1個の駒を，f6にあるポーンもまた1個の駒を取らなければならないからである．したがって，昇格した黒のポーンはh7から来たことになる．

このとき，h2から来た白のポーンもまた昇格している．なぜなら，f6で取られた白の駒は白のキング側のビショップではないし，h2から来たポーンでもない（f6に達するためには2個の駒を取らなければならないが，c3にあるポーンが取った駒とあわせると，取られた駒が多すぎる）からである．こうして，h2とh7のポーンはともに昇格したことになる．そのうちの一方は，もう一方を通過させるためにまず駒を取らなければならない．先に駒を取ったのは白のポーンではない．なぜなら，白のポーンが先に駒を取ったのならば，h7に黒のポーンがある間にg7にあった駒を取るしかないが，g7はc3と同じく黒いマスだからである．したがって，白のポーンがまだh2にある間に，黒のポーンがh3からg2にあった駒を取ったのである．すなわち，白のポーンがh2から動く前から，g3にあるポーンはその位置にあったのである．これは，h2 にあるビショップが魔神でなければならないことを意味する．なぜなら，そのビショップが本物ならば，h2 からポーンが動く前や，g3 にあるポーンがその位置に来たあとでは，g1 や h2 に達することはできないからである．

これで，黒が入城できるならば，h2 にあるビショップが魔神であることを証明した．言い換えると，h4 にあるビショップが魔神ならば，h2 にあるビショップは本物であり，黒は入城できない．したがって，h4 にあるビショップが魔神ならば，白はこの対戦に 2 手で勝つことができる．

43 • 変身させられたビショップの物語

b3 と f4 にある白のポーンが取った駒をあわせると，3 個の駒が取られたことになる．それゆえ，盤上にある黒の駒はたかだか 13 個である．図には黒の駒が 14 個あるので，黒のナイトの一方は本当は白のビショップでなければならない．そのどちらが白のビショップであるかを解明しよう．

盤上にない白の駒は白のクイーン側のルークとビショップ 1 個であり，それらは e6 と h6 のポーンに取られた．それゆえ，白のビショップが最初の位置で取られたということはない．白のクイーン側のビショップは最初の位置で取られたのではなく白のクイーンは動いたことがないので，b3 で駒が取られ（まずクイーン側のビショップを外に出すために）d2 にあったポーンが e3 で駒を取ったあとでなければ，白のクイーン側のルークは外に出ることができなかった．このとき，b3 と f4 にあるポーンに取られた 3 個の黒の駒は，ナイト，キング側のビショップ，キング側のルークである．h6 で駒が取られるまでは，このビショップもルークも外に出ることができなかった．それゆえ，h6 で駒が取られる前に，白のポーンが取ることのできた黒の駒は一つ（ナイト）だけである．白のポーンが 2 個の駒を取ったあとでなければ，白のクイーン側のルークは外に出ることはできなかったので，そのルークは h6 で取られた駒ではない．したがって，白のクイーン側のビショップが h6 で取られ，そのあとで，白のクイーン側のルークが e6 で取られたことになる．（一連の流れは次のようになる．まず黒のナイトが e3 で取られ，それから白のクイーン側のビショップが外に出て h6 で取られ，それから黒のキング側のビショップと黒のキング側のルークが外に出られるようになる．このルークは b3 で取られ，それから白のクイーン側のルークが外に出て e6 で取られる．黒のキング側のビショップは，白のクイーン側のビショップがh6で取られたあとにf4で取られる.）

白のクイーン側のビショップはh6で取られたので，c6にある黒のナイトが本当は白のビショップでなければならない.

44 • 魔法の馬の物語

昇格する黒のポーンはd7から来た．そのポーンは，2個の駒を取ってb1で昇格したのでなければならない．b3にあるのはb2から来たポーンで，b2で駒が取られる前，したがって黒のポーンが昇格する前に，b2からb3に動いていなければならない．そうすると，a1のナイトはたしかに元からあった駒である．（なぜならそのナイトは，b3のポーンがその位置にある前からa1にあったからである.）また，昇格する黒のポーンが取った2個の駒のうちの一方は，白のクイーン側のビショップである．もう一方の駒はa2から来たポーンではないので，その白のポーンも昇格したことになる．昇格した白の駒は盤上にはないので，それは昇格する黒のポーンに取られた2個の駒のうちの一つである．したがって白のポーンは，黒のポーンが昇格する前に昇格した．a2を出発した白のポーンはa6に行き，b7で黒のクイーンを取ってb8で昇格した．したがって，白のポーンが昇格する前，その結果として三つめの黒のナイトが作られる前に，b6にあるポーンはその位置にあった．そうすると，a8にあるナイトもまた元からあった駒でなければならない．（なぜなら，ポーンがb6に動いたあとでは，このナイトがa8に達することはできないからである.）それゆえ，h8にあるのが昇格したナイトである.

もう一つの筋書きの問題では，まず，白のキングは動いたことがないので黒のポーンはe1で昇格できないことに注意する．そうすると，そのポーンは2個の駒を取ったあとにb1かd1で昇格したことになる．このとき，前半と同じ理由によって，a1にあるナイトは元からあった駒でなければならない．この問題では，e2から来たポーンは，昇格する黒のポーンに取られる駒に昇格しなければならない．昇格する白のポーンは，d列で黒のキング側のビショップを取らなければならない．その前に，そのビショップを外に出すためにg6にあるポーンはg7から動いている．したがって，h8にあるナイトは元からあった駒でなければならない．そしてこの問題では，a8にあるのが昇格したナイトである.

45 • 疑惑の女王の事件

c6 と d6 にあるポーンが取った白の駒はいずれもナイトではない．なぜなら，黒のキングもクイーンもこれまで動いたことはないし，それらに白の駒が利いたこともないからである．また，白のキング側のビショップは最初の位置で取られた．したがって，c6 と d6 で取られた 2 個の駒のうちの一つはルークであり，もう一つは a2 から来た盤上にないポーンか，そのポーンが昇格した駒である．次にあげる理由によって，前者はありえない．

a2 から来たポーンが d6 に達するために 3 個の駒を取ることは不可能である．なぜなら，盤上にない黒の駒は 3 個だけで，そのうちの一つは g3 で取られているからである．それでは，a2 から来たポーンが c6 で取られたと仮定しよう．このとき，このポーンは c6 で取られる**前**に 2 個の駒を取っているので，黒のクイーン側のビショップが外に出られるようになる前に 2 個の駒を取ったことになる．そうすると，g3 で取られることのできた駒は残された黒のクイーン側のビショップだけになるが，g3 は黒いマスなのでそれは不可能である．それゆえ，a2 から来たポーンは昇格して，今も盤上にあるか，あるいは c6 と d6 のいずれかで取られたことになる．

a2 から来て昇格するポーンは，あきらかに 2 個の駒を（一つは b 列で，もう一つは a7 で）取ったあとに a8 で昇格した．そのポーンはルークには昇格していない．なぜなら，（h1 に行くか，c6 か d6 で取られることになる）ルークは出ていくことができないからである．同じようにして，ビショップも a8 を離れることはできない．したがって，このポーンはクイーンかナイトに昇格したことになる．しかし，それはナイトではない．なぜなら，ナイトは盤上にあるか，c6 と d6 で取られた駒の一方でなければならないが，盤上にナイトはなく，黒のキングとクイーンはともに動いたこともなく，それらに白の駒が利いたこともないので，いずれの場合にもなりえないからである．それゆえ，ポーンは間違いなくクイーンに昇格した．

さて，重要な問題が残されている．c6 か d6 で取られたのは昇格したクイーンか，それとも元からあったクイーンか．ここで，a2 から来たポーンは昇格するまでに 2 個の駒を取り，それらのうちの一つは黒のクイーン側のビショップでなければならない．なぜなら，そのビショップは g3 で取られた駒ではないからである．それゆえ，c6 で駒が取られたのはポーンが昇格する前であり，したがって昇格したクイーンが c6 で取られることはない．それでは，昇格したクイーンが d6 で取られることはありえるのか．（これが，この証明のもっとも面白い部分である.）昇格したクイーンがd6で取られたと仮定しよう．白のクイーンがd6にあって，そのときe7にあるポーンによってまさに取られようとしている時点の局面を考える．c6にあるポーンはすでに駒を取っているので，d7に何らかの駒がなければ，（動いたことのない）黒のクイーンには白のクイーンが利いてしまっている．しかし，黒のクイーンに白の駒が利いたことはないことが分かっている．したがって，d7には何らかの駒がある．その駒になりうるのはどの駒だろうか．d6にあるポーンはこのときe7にあり，したがって黒のキング側のビショップはまだ動いていないので，昇格する白のポーンによってそれまでに取られた黒の駒2個は黒のクイーン側のビショップと盤上にないナイトである．したがって，この2個の駒はいずれもd7にはない．また，黒のキング側のナイトは一度しか動いていないので，d7にはない．また，黒のルークもd7に来たことはない．それゆえ，その時点でd7にいることのできる黒の駒はない．また，d7にいることのできる白の駒もない．なぜなら，黒のクイーンに利くルークや元からあったクイーンはd7にいることはできず，f1を離れることのできない白のビショップや6段目を越えたことのない白のナイトもd7には来られないからである．

これで，昇格した白のクイーンがc6かd6で取られるのは不可能であることが証明された．したがって，昇格した白のクイーンは盤上にあり，何食わぬ顔で遠慮がちにハールーンの隣にいる．すなわち，ハールーンの懸念はみごとに的中している．

46 • どちらの女王？

黒は2個のルークとキング側のビショップが盤上になく，白は2個のビショップとキング側のルークが盤上にない．これら6個の駒のうちで，いかなる駒も取られないうちに最初に外に出ることができるのは黒のキング側のビショップである．そのビショップはe3で取られ，それで白のクイーン側のビショップが外に出られる．このとき，白のクイーン側のビショップはg6で取られることはないので，g6で取られたのは白のキング側のビショップか白のキング側のルークである．しかし，（そのルークかビショップを外に出すために）h3で駒が取られたあとでなければ，それらがg6で取られることはない．h3で取られた駒は何だろうか．それは黒のキング側のルークではない．なぜなら，そのルークはまだ外に出られないからである．

(「まだ」とは，白のキング側のビショップか白のキング側のルークがg6で取られる前という意味である.）したがって，h3で取られたのは黒の**クイーン側**のルークであり，それを外に出すためにa6とb6にあるポーンは交差して駒を取ったことになる．一連の流れは次のとおりである．d2にあったポーンがe3で黒のキング側のビショップを取ったあと，白のクイーン側のビショップが外に出てb6で取られた．それから，黒のクイーン側のルークが外に出てh3で取られた．それから，白のキング側のビショップと白のキング側のルークが外に出て，それらのうちの一つはa6で取られ，もう一つはg6で取られた．黒の**キング側**のルークに関しては，c2から来てb8でクイーンに昇格するポーンにb7で取られたのでなければならない．あきらかに，この白のポーンがb7でルークを取る前，したがって昇格する前に，a6にあるポーンが駒を取っている．また，その昇格よりも前に，b6にあるポーンは駒を取っている．なぜなら，a6で取られる黒のキング側のルークを外に出すためにg6で駒が取られなければならず，その駒を外に出すために黒のクイーン側のルークはh3で取られなければならず，そのルークを外に出すためにポーンはb6にある駒を取らなければならないからである．また，黒のキング側のビショップを外に出すために，いかなる駒も取られないうちにe6にあるポーンはe7に動いている．また，d5にあるポーンは黒の初手からその位置にある．それゆえ，a6, b6, c7, d5, e6にある5個のポーンは，ポーンがb8で昇格するより前にすべて現在の位置にあった．これは，昇格したクイーンが黒のキングに王手をかけることなくb8からg8に行く方法はないことを意味する．なぜなら，昇格したクイーンはc6を経由しなければ外に出られず，d7に入ってきた駒はないことが分かっているので，王手をd7で遮る駒はないからである．それゆえ，b8にあるクイーンは昇格した駒でなければならず，アメリアはg8にいる．

47 • 新たな厄介事

黒は2個のルークと2個のビショップが盤上になく，白は1個のルークと2個のビショップが盤上にない．d4のポーンはd2から来たので，昇格する白のポーンはe2から来たのでなければならない．そのポーンはb8かh8で昇格し，いずれの場合も3個の駒を取っている．そして，盤上にない4個目の黒の駒はh3で取られた．

前問と同じように，a6とb6にあるポーンは交差して駒を取ったことを証明するが，この問題ではその理由は少し異なる．それらが交差して駒を取ったのではないと仮定する．このとき，昇格するポーンに取られた駒の一つである黒のクイーン側のルークは外に出ていくことができない．したがって，そのルークはb7で取られたのでなければならない．しかし，それは不可能である．なぜなら，d4とd5にあるポーンはゲームの開始直後からその位置にあり，昇格するポーンがe2からc列に到達する唯一の方法はd3とc4で駒を取ることであり，これは盤上にない4個の黒の駒はすべて白いマスで取られたことを意味するが，このようなことは起こりえない．なぜなら，その盤上にない4個に黒のキング側のビショップが含まれているからである．それゆえ，a6とb6にあるポーンは交差して駒を取り，盤上にない3個の白の駒はa6, b6, g6で取られた．

h3で取られた駒は，クイーン側のビショップか2個のルークのうちの一つである．この3個の駒と盤上にない白の3個の駒の中で，いかなる駒も取られないうちにまず自由に動けるようになった駒は白のクイーン側のビショップである．（なぜなら，白いマスを動くビショップはe2やd7を横切ることはできないので，「フィアンケット[訳注1]」で，すなわち，g2やb7を経由して出ていったからである．）この白のクイーン側のビショップはb6で取られた．それから，（前問と同じように）黒のクイーン側のルークが外に出てh3で取られ，それによって白のキング側のビショップと白のキング側のルークは外に出ることができてa6とg6で取られた．この場合も，b6にあるポーンはa6にあるポーンよりも先に駒を取った．これは，昇格する白のポーンはb8では昇格しえないことを意味する．なぜなら，b8で昇格するためには，（d3やc4と同じく）白いマスであるb7で駒を取らなければならないので，盤上にない4個の黒の駒はすべて白いマスで取られたことになるからである．したがって，白のポーンが昇格したのはh8である．

前問と同じように，このポーンが昇格する前に，a6, b6, d5, e6, g6にあるポーンはすべて現在の位置にあった．a6とe6にあるポーンは（昇格するポーンに取られる）ビショップを外に出すため，g6にあるポーンは黒のキング側のルークを外に出すためにそれぞれ現在の位置にあった．そしてd5にあるポーンは初手のあとにはその位置にいて，すでに証明したようにb6

[訳注1] ナイトの前にあるポーンを進めて，その空いたマスにビショップを進める陣形．

にあるポーンは a6 にあるポーンよりも前にその位置にいた．すなわち，これらのポーンはすべて，h8 でポーンが昇格する前にそれぞれの位置にいた．前問では，昇格したクイーンはキングに王手をかけることなく b8 から g8 に出ていくことはできなかった．この問題では，昇格したクイーンはキングに王手をかけることなく g8 から b8 に入ってくることはできなかった．なぜなら，この問題でも，ポーンが d7 から動いたあとにそのマスに入ってきた駒はないからである．すなわちこの問題では，g8 にあるクイーンは昇格した駒であり，アメリアは b8 にいる．

48 • アメリアの救出

白のクイーンはルークに取られたので，c6 と h6 にあるポーンに取られた駒は白のビショップ 2 個である．駒を取った 4 個のポーン（c3, c6, f3, h6）のいずれかに取られることになる駒のうち最初に外に出ることのできた駒は黒のクイーン側のビショップであり，それは f3 で取られた．それから，白のキング側のビショップが外に出て，c6 で取られなければならない．これで，黒のクイーン側のルークは外に出られて，c3 で取られた．（これで，白のクイーン側のビショップは外に出られて，h6 で取られた．）このとき，黒のクイーン側のルークが c3 で取られる前に，白のクイーンがルークに取られることは起こりえない．なぜなら，白のクイーンが外に出ることも，ルークが中に入ってくることもできないからである．それゆえ，黒のクイーン側のルークが取られた**あと**に，白のクイーンは取られた．したがって，白のクイーンは黒のキング側のルークに取られたことになる．すなわち，アメリアは，東の辺境にあるルークに囚われている．

49 • 森での冒険

白のルークを d7 に入れるために，d6 と e6 にあるポーンはあきらかに交差して駒を取った．そのルークは（王手をかけて黒のキングを動かすことになる）e7 にいたことはないので，d6 を経由して d7 に達したのでなければならない．したがって，d6 にあるポーンが駒を取る前に，e6 にあるポーンは駒を取ったことになる．

昇格する白のポーンは，e2 を出発して盤上にない 3 個の黒の駒すべてを取ったあと，h8 か b8 で昇格したのでなければならない．盤上にない黒の駒の一つは黒のキング側のビショップであるが，このビショップはd6で駒が取られたあとでなければ外に出ることができない．そして，それよりも前にe6で駒が取られたことが分かっているので，d6とe6で駒が取られたのは，ともに白のポーンが昇格する前である．したがって，d7にあるルークは元からあった駒の一つである．また，白のポーンが昇格したのはb8ではなくh8である．なぜなら，b8でルークに昇格すると，けっしてa1やh1に到達できないからである．

このとき，このポーンが昇格する前にd6とe6で取られた白の駒は，2個のビショップである．クイーン側のビショップがd6で取られる前に，b3のポーンが動いて，そのビショップを外に出したのである．b3にあるポーンがその位置に来たあとでは，昇格したルークはけっしてa1に到達できない．すなわち，昇格した白のルークはh1にいる．（そのルークは，g3のポーンがまだg2にあり，h4のポーンがそこに来たあとに，h1に達した．）

50 • 命の水を求めて

盤上にない黒の駒はポーン1個だけであり，このポーンがb4にあるポーンに取られたということはけっしてありえない．なぜなら，b4に達するためには取らなければならない駒の数が多すぎるからである．したがって，盤上にない黒のポーンは昇格したのである．昇格したのはg7から来たポーンである．なぜなら，e7から来たポーンであれば，昇格するために2個の駒を取らなければならず，e5にあるポーンがg7から来るためにはさらに2個の駒を取ることになるからである．したがって，g7から来たポーンが，まずf列に来るために1個の駒を取り，それからe2で二つめの駒を取り，白のキングがd2に動いたあとにe1で昇格したことになる．昇格した駒は，b4にあるポーンに取られたか，そのポーンが取った駒に置き換わったかのいずれかである．黒のポーンはe1でクイーンやビショップには昇格しえない．なぜなら，それらに昇格するとd2にあるキングに王手がかかり，キングはもう一度動くことになるからである．また，ナイトにも昇格しえない．なぜなら，ナイトはf3に動くことでしかe1から出ていけないが，f3からはd2にあるキングに王手がかかるからである．したがって，黒のポーンはルークに昇格したのである．このルークは，a1まで行ってそこからa列を進むことでしか外に出られない．それゆえ，a1にある白のルークは動いたことがある．また，この昇格した黒のルークは，白のポーンがb3かb4で駒を取ったあとでなければ外に出られない．したがって，このポーンは元からあったルークを取り，盤上にあるのは昇格したルークである．黒のキングは動いたことがないので，昇格したルークがa8に入ることはできない．すなわち，昇格したルークはh8にいる．このようにして，a1とh8にあるルークはともに動いたことがある．ルークのうちの2個は動いていないことが分かっているので，その2個はh1とa8にあるルークでなければならない．

カジールの宮殿で作られた問題

K1

1. ナイトをb3に　　キングでナイトを取る
2. ナイトをc5に（メイト）

K2[訳注2]

1. ポーンをc8に（ビショップに昇格）
   (a)　キングをc4に
2. ビショップをe6に（メイト）

   (b)　キングをc6に
2. ビショップをb7に（メイト）

K3

1. ポーンをb4に　　ポーンでポーンを取る（アンパサン）
2. ビショップをc7に（メイト）

K4

1. ビショップをa8に　　ポーンをh4に
2. ポーンをb7に　　キングをh1に
3. ポーンをb8に（クイーンかビショップに昇格してメイト）

[訳注2] 解答中の(a), (b), ... は黒の応手についての場合分けで，この問題の場合には，黒の1手目には2通りあり，それぞれに応じて白の2手目が決まる．

K5

1.	ルークをh7に	
	(a)	ルークでh7のルークを取る
2.	ルークでルークを取る（メイト）	
	(b)	ルークをg6に（王手）
2.	g1のルークでRを取る	ルークでルークを取る，またはルークをg8に
3.	ルークをg8に，またはルークでルークを取る（メイト）	
	(c)	g8のルークを動かす
2.	h7のルークでルークを取る（王手）	ルークをg8に
3.	ルークでルークを取る（メイト）	

K6

1.	ビショップをh2に（スレット[訳注3]：ポーンをg4に（メイト））	ポーンでポーンを取る
2.	ポーンをg4に（王手）	キングをe6に
3.	ポーンをf5に（王手）	キングをd7に
4.	ポーンをe6に（王手）	
	(a)	キングをc6に
5.	ビショップをe8に（メイト）	
	(b)	キングをc8に
5.	ポーンをd7に（メイト）	

K7

(1)

1.	クイーンでルークを取る（王手）	ナイトでクイーンを取る（王手）
2.	ルークをg7に（王手）	ルークをe7に（王手）

[訳注3] 相手がそれに対抗する手を指さずに放置するとメイトにつながる手順のこと．

(2)

1.	e7のルークでルークを取る（二重王手）	キングをf7に
2.	ルークをe7に（王手）	ルークでルークを取る（メイト）

K8

1.	ナイトをf4に（王手）	キングをg3に
2.	ナイトをd3に（王手）	キングをh3に
3.	ナイトをf2に（王手）	ナイトでナイトを取る（メイト）

K9

1.	クイーンをh7に（王手）	ナイトをh6に
2.	クイーンでナイトを取る（王手）	ビショップをh5に
3.	クイーンをg5に（王手）	ナイトでクイーンを取る
4.	ビショップをe1に（王手）	ポーンをg3に（メイト）

K10

1.	ポーンをb6に（王手）	キングをa6に
2.	ビショップをb5に（王手）	キングでナイトを取る
3.	ポーンをb4に（王手）	ポーンでポーンを取る（アンパサン）
4.	ビショップをb2に	ビショップをb1に（メイト）

K11

1.	ルークでポーンを取る（王手）	ルークをf6に
2.	ルークをg7に（王手）	ルークをd6に
3.	ルークをb7に（王手）	ルークをf6に
4.	ルークをb2に	どちらかのポーンでルークを取る（メイト）

K12

1. ビショップを a6 に（王手）	
	(a) ポーンでルークを取りクイーンに昇格
2. ナイトを g3 に（王手）	クイーンでナイトを取る（メイト）
	(b) ポーンでルークを取りルークに昇格
2. クイーンを e3 に（王手）	ルークでクイーンを取る
3. ポーンを d3 に（王手）	ルークでポーンを取る（メイト）
	(c) ポーンでルークを取りナイトに昇格
2. ビショップを d3 に（王手）	ナイトでビショップを取る
3. ナイトを c5 に（王手）	ナイトでナイトを取る
4. クイーンを e6 に（王手）	ナイトでクイーンを取る（メイト）
	(d) ポーンでルークを取りビショップに昇格
2. ナイトを g3 に（王手）	ビショップでナイトを取る
3. クイーンを e6 に（王手）	ビショップを e5 に
4. クイーンを f5 に（王手）	ポーンでクイーンを取る
5. ナイトを f6 に（王手）	ポーンまたはビショップでナイトを取る（メイト）

あとがき

私は『シャーロック・ホームズのチェスミステリー』に関して興味深い手紙を数多く受け取った．ある読者は，その本にある問題はオリジナルかと質問してきた．その答えはYESである．この本にあるすべての問題と同じく，ホームズ本にあるすべての問題は私のオリジナルである．またほかの読者は，そもそも私がどのようにして逆向き解析にたどり着いたのか興味を示した．そう，その背景には，私がいかにしてこれらのチェス本を書くことになったのかということと同じくらい面白い話がある．

1925年にチェスの問題を初めて作ったとき，私は16歳だった．その問題はよくある2手詰めであった．私はそれを何人かの古くからの友人に見せた．友人の一人はこう言った．「うーん！ 私がチェスの問題を作るとしたら，もっと違う種類のものになっただろうね！」「どんな種類？」と私はたずねた．「そうだね」と友人は答えた．「私が問題を作るとしたら，白が何手かを指して詰めるという普通の形にはしないね．それよりも，そのゲームでそれまでに何が起こったかを演繹するものにする．」このことから私は興味をそそるアイディアを思いついた．そして，すぐにそれに取りかかると，逆向き解析の問題（ホームズ本の「なくなった駒の謎」）を作った．私は「逆向き解析」という言葉を聞いたことはなかったし，そんなジャンルがあるとは思いもしなかった．逆向き解析は英国や欧州のチェス問題作家のわずかな仲間内で発展してきたので，米国ではほとんど知られていなかった．いずれにせよ，友人たちは私の問題にすごく夢中になり，もっと問題を作るよう皆が私を急かせた．そして私はその後の人生のさまざまな時期に問題を作ってきたが，逆向き解析問題を掲載する米国の新聞紙や定期刊行物はなかったし，そのような海外の定期刊行物も知らなかったので，ほとんどの問題は未発表のままであった．

40代になったあるとき，この種の問題は物語に組み込むのにうってつけであることに気づいた！ そして，ルイス・キャロルに触発されて，チェスの駒そのものが**登場人物**になるような物語にするという着想を得た．ハールーン・アッラシードを白のキングにして，彼の宰相を白のキング側のビショップにするというように，うまい状況設定としてアラビアン・ナイトがなんとなく心に浮かんだ．その時点で私はいくつかの「アラビアン・ナイト」の話を書き，いつかそれらを一冊の本にする計画を立てた．この漠然とした「いつか」がいつなのか見当もつかなかったし，次のような驚くような出来事が重ならなければけっして本にはならなかっただろう．

1957年のはじめに，私は（他のたくさんの問題といっしょに）この本の冒頭の問題「ハールーン・アッラシードはどこにいる？」をプリンストン大学の何人かの大学院生に見せた．このとき，プリンストン高等研究所を訪れていた著名な論理学者がその場に居合わせた．学生の一人が私にこう言った．「スマリヤン，どうしてこの問題をほかの誰が発表する前に発表しないんだ？」私は笑って素直に答えた．「誰がこんなものを発表したいと思うもんか．」その二，三週間あとまでこの出来事を忘れていたが，私が高等研究所でその論理学者に会ったとき，彼はこう言った．「やあ，スマリヤン，どうして君の名前が作者として記されずに，君の問題がマンチェスター・ガーディアン紙に発表されているんだい？」私はすぐに大学院生のところに行き，それについて何か知らないかと彼に尋ねた．「そうだよ」と彼は答えた．「その問題をオヤジに見せたら，オヤジはガーディアン紙のチェス編集者と頻繁にやりとりをしていたので，問題に次のような注釈をつけて編集者に送ったんだ.『なぜ，通常の種類のチェス問題ではなく，この問題を発表しないのか？』」もちろん私は自分の問題が発表されたことを喜んだが，当然，私が作者であることに言及されなかったのは残念だと言った.「ああ，オヤジにそう伝えておくよ」と学生は言った.何週間かののち，私はマンチェスター・ガーディアン紙の編集者から非常に丁寧な手紙を受け取った.その手紙は，私がその「素晴らしい作品」の作者であると知らなかったことに遺憾の意を表していた.そして，次号では私が作者であることが認められるようにすると断言した.その編集者は，このジャンルの問題をほかにも送ってもらえないかと尋ねた.そしてその翌年には，マンチェスター・ガーディアン紙にいくつかの問題を発表した.それをきっかけに，いくつかの問題が欧州の専門誌やカナディアン・チェス・チャット誌に発表された.

1970年代初めになるまでは，これ以上関連する出来事は起きなかった.そして1973年5月，サイエンティフィック・アメリカンのマーチン・ガードナーの連載に，マンチェスター・ガーディアン紙に最初に発表されたのと同じ問題が紹介された！ それには注釈が添えられていて，「この問題は読者から手紙で送られてきたもので，その読者はそれを注目に値すると考えたが，誰が創作したものかは知らない」と書かれていた.私はサイエンティフィック・アメリカンのその号を見逃していたが，幸運にも友人がそれを見て，「その問題は20年ほど前にレイモンド・スマリヤンが考案したもので，彼がシカゴ大学の学生であったときに作り出した大量の未発表のチェス問題のうちの一つである」とマーチン・ガードナーに手紙を書いた.

この出来事がマーチン・ガードナーとの親交を結ぶという幸せな機会につながり，ガードナーは「ぐずぐずしていないで本を書くように！」と私を急かした.その後，正直に言うと二，三年がそのまま過ぎた.それから長期研究休暇として時間をとり，（最終的にその本を売り出すことになる出版社とは別の）関心をもった出版社に促されて，私はこの計画にかかりきりになることに決めた．そしてそれをやり遂げた．私は当初，すべての問題を「アラビアン・ナイト」本に入れようと計画したが，すんなりといかなかった．有名な（その時点で米国にいた数少ない）逆向き解析の専門家でもありチェス・プロブレム作家でもあるマニス・チャロシュが私の問題をいくつか見て，彼の素晴らしい記事「盤上の探偵」(*Journal of Recreational Mathematics*, Vol. 5, Nov. 2) を親切にも送ってくれた．その記事は一般の読者向けに逆向き解析を詳しく紹介したものである．「盤上の探偵」という記事の題名が，瞬く間に私の想像力を捕らえ，私はこう考えた．「盤上に**本物**の探偵を出せばいいじゃないか．そして，そうするとすればシャーロック・ホームズしかない！」そこで計画を変更し，問題を 2 冊に分けることにした．1 冊はシャーロック・ホームズで，もう 1 冊はアラビアン・ナイトである．（一番できのよい問題がこの 2 冊に均等に分かれるようにとても気を遣った．）これが，この 2 冊を書くことになった経緯である．

一人一人の名を挙げるにはあまりにも膨大な数であるが，ホームズ本の今後の改善についてきわめて有益な助言をくれた読者に感謝の意を表する．そして，遅ればせながら，ホームズの話の中で使った「過去を知るためには，まず未来を知らなければならない」という魅力的な標語に対して，ジャック・コティク博士に感謝する．

本書については，テキサス州アマリロのビル・スネード，アルバータ大学のアンディ・リュー教授，そして，ロバート・カーツ教授に感謝する．彼らは，初期の草稿を修正するのを助けてくれた．とても魅力的な挿絵を描いてくれたグリア・フィッティングに熱い感謝の気持ちを送りたい．また今回も，アルフレッド・A・クノップ社の編集スタッフとの作業は本当に楽しかった．とくに感謝すべきは，本書の何度かの校正をうまくすすめてくれたメルヴィン・ローゼンタールと，装丁と版組の複雑な問題をうまく解決してくれたバージニア・タンである．そしてなによりも，原稿に細心の注意を払ってくれた編集者アン・クロースに感謝したい．

レイモンド・スマリヤン

ニューヨーク州エルカパーク
1981年1月1日

邦訳付録

チェスの規則について

本付録は，国際チェス連盟（FIDE）のハンドブックから本書の問題を解くのに必要なチェスの規則を抜粋し再構成したものである．（訳者）

1.　駒と盤

チェスでは次のような駒を用いる．

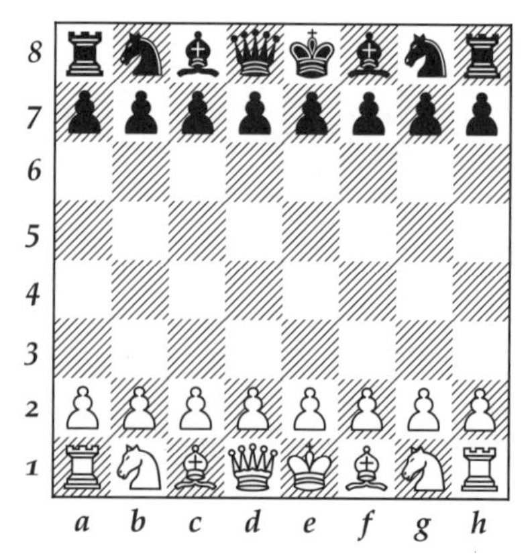

8×8のマスからなるチェス盤を右下隅のマスが白になるように置き，そこに図のように双方の駒を並べたところからゲームを開始する．（本書で盤面の状態が図示されているとき，ほとんどの場合はこの図のように盤の下方に白の駒，上方に黒の駒を並べたところから始めたゲームである．そ

の場合には，盤面の下側に白の駒の個数，上側に黒の駒の個数が示されているが，駒の個数が確定しない問題では個数は示されていない.）

チェス盤の縦方向に連続する8個のマスを「列」（左から順にa列〜h列）と呼び，横方向に連続する8個のマスを「段」（下から順に1段目〜8段目）と呼ぶ.

2.　駒の動かし方

白の駒を動かすプレーヤーが最初の1手を指し，つぎに黒の駒を動かすプレーヤーが1手を指すというように，双方のプレーヤーが交互に1手ずつ指すことを繰り返す．どの駒も味方の駒が置かれているマスに動かすことはできない．相手の駒が置かれているマスに自分の駒を動かすときには，駒の移動と同時にその相手の駒は取られる（盤上から取り除かれる).

駒が「利いている」マスとは，そのマスに相手の駒があったとしたらその相手の駒を2.1〜2.6で述べるように取ることのできるマスのことである．（本文中に現れる「相手の駒に利いている」という表現は，「相手の駒のあるマスに利いている」という意味である.）相手の駒を取るために動くと味方のキングに王手がかかってしまうような場合でも，その動く先のマスに利いていることになる．（後述するように味方のキングに王手がかかる手を指すことは許されないが，実際にその利いているマスに動くわけではないからである.）駒が相手のキングのあるマスに利いているとき，その駒は（相手のキングに）「王手をかけている」という．どの駒も，味方のキングに王手がかかるように動くことや，味方のキングに王手がかかったままにして動くことはできないし，相手のキングに王手がかかっている状態から次の手を指すこともない．つまり，味方のキングに王手がかかったら，すぐにそれを防ぐような手を指さなければならない．そのような手を指すことができなければ負けとなる．

ビショップ，ルーク，クイーンは次のように動くことができるが，動く先までの途中のマスにほかの駒があってはならない．

2.1 ビショップ

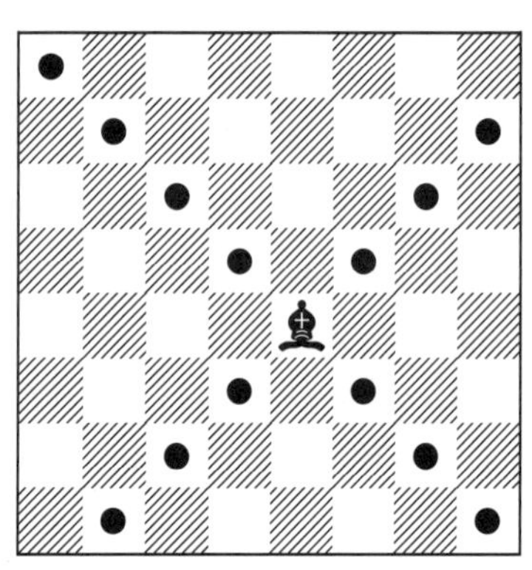

ビショップは，それが置かれたマスから対角線上にあるマス（●）に1手で動くことができる．（したがって，ビショップは最初に置かれたマスと同じ色のマスにしか動くことができない．そして，ゲーム開始時点では同じ色のビショップ2個のうち1個は白いマス，もう1個は黒いマスにあるので，つねにそれらはそれぞれ白いマスと黒いマスを動くことになる．）

2.2 ルーク

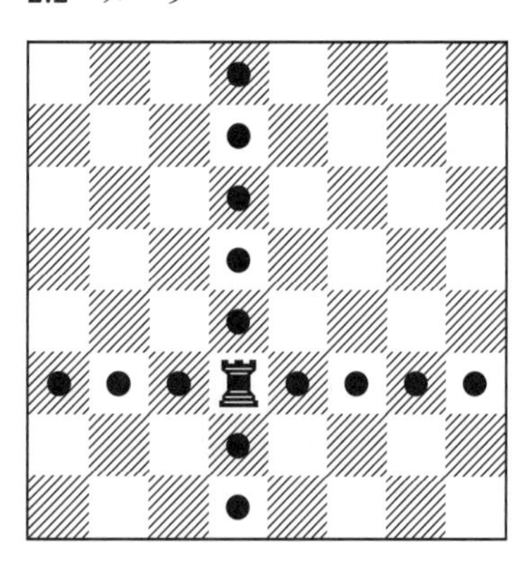

ルークは，それが置かれたマスと同じ列または同じ段にあるマス（●）に1手で動くことができる．

2.3　クイーン

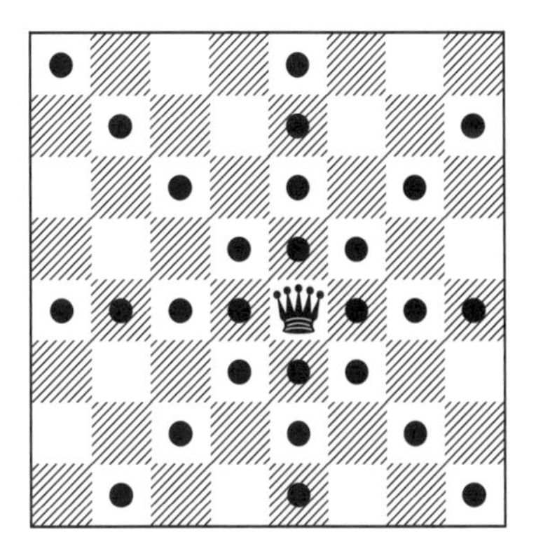

クイーンは，それが置かれたマスと同じ列または同じ段または対角線上にあるマス（●）に1手で動くことができる．

2.4　ナイト

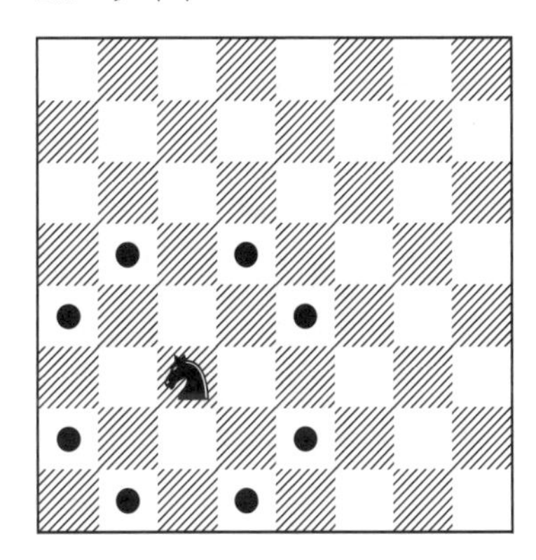

ナイトは，それが置かれたマスとは同じ列でも同じ段でも対角線上でもないもっとも近いマス（●）に1手で動くことができる．（ナイトだけは，動く先までの途中のマスにいかなる駒があっても動くことができる．）

2.5　ポーン

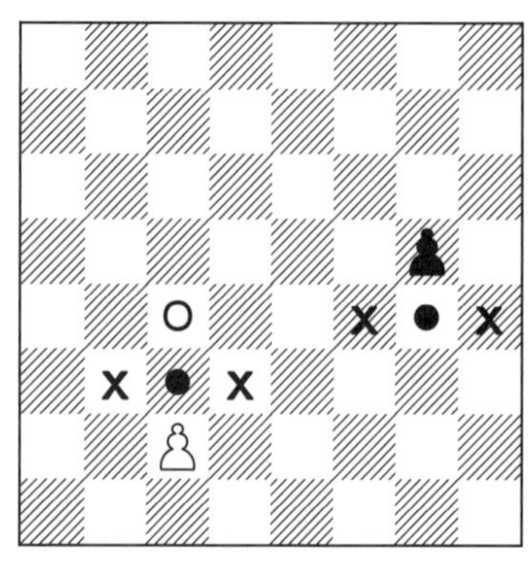

ポーンは，それが置かれたマスと同じ列の一つ前方のマス（●）に1手で動くことができる．ただし動く先のマスにほかの駒があってはならない．

ただし，ポーンが最初に置かれたマスから動くときに限って，それが置かれたマスと同じ列の二つ前方のマス（○）に1手で動くこともできる．ただし，動く先のマスやその途中のマスにほかの駒があってはならない．

また，ポーンは，それが置かれたマスの斜め前方，隣り合う列のマス（x）に相手の駒があるときは，1手でその駒を取ってそのマスに動くことができる．（このようにポーンだけは，相手の駒も味方の駒もないので動くことのできるマス（●, ○）と相手の駒がありその駒を取って動くことのできるマス（x）が異なる．）

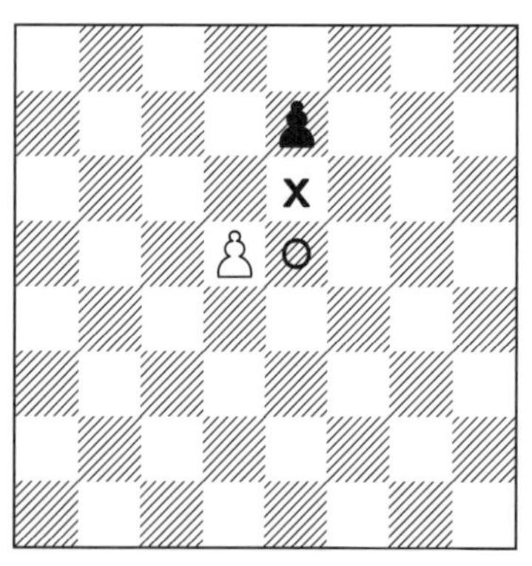

相手のポーンが（最初に置かれたマスから）1手で2マス（○）を動いた直後の手だけは，隣の列の同じ段に味方のポーンがあれば，そのポーンは，斜め前方のマス（x）に動いて，（相手のポーンが1マスしか動かなかった場合と同じように）そのポーンを取ることができる．このポーンの取り方を「アンパサン（en passant）」と呼ぶ．

ポーンが一番相手側の段に達したとき，それと同時にそのポーンを同じ色のクイーンかルークかビショップかナイトに置き換えなければならない．これをポーンの「**昇格** (promotion)」と呼ぶ．どの駒に昇格するかは，それまでに取った駒や取られた駒には関係なく決めることができる．また，昇格した瞬間からその置き換えられた駒が利くことになる．

2.6　キング

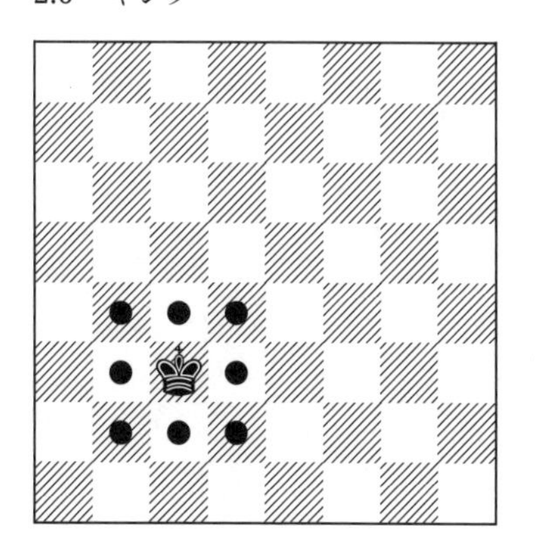

キングは，対角線を含めてそれが置かれたマスと隣り合うマス（●）に 1 手で動くことができる．

また，同じ色のキングと一方のルークがともに一度も動いたことがなく，それらの間に駒がないとき，その二つの駒を 1 手で次のように動かすことができる．キングをそのルークに向かって 2 マス動かし，そのときキングが通過したマスにルークを動かす．これを「**入城** (castling)」と呼ぶ．

キング側への入城

入城前　　　入城後

クイーン側への入城

入城前　　　入城後

入城ができるためには，そのキングに王手がかかっていてはならない（すなわち，王手から逃れるために入城することはできない）し，キングの動く先のマスや通過するマス（これはルークの動く先のマスである）に相手の駒が利いていてはならない．

3. ゲームの勝敗

王手をかけられている状態で，規則に従って駒を動かすことができないならば，負けとなる．これを「**チェックメイト**（checkmate）」（または「**メイト**（mate）」）と呼ぶ．

王手はかかっていないが，規則に従って動かすことのできる駒がないならば，引き分けになる．これを「**ステールメイト**（stalemate）」と呼ぶ．（ステールメイトのほか，どちらもチェックメイトできるだけの駒が残っていない場合や，同形反復（千日手），同意などによる引き分けがあるが，本書の問題を解く上では必要ないため割愛した．）

訳者あとがき

本書は，Raymond Smullyan 著 *The Chess Mysteries of The Arabian Knights*（Alfred A. Knopf, 1981）の全訳である．

著者のレイモンド・スマリヤン（1919–2017）は，長年ニューヨーク市立大学とインディアナ大学で論理学の教授として教鞭を取り，何冊もの数理論理学の教科書を書いただけでなく，つねに本当のことを言う騎士とつねに嘘をつく悪漢をはじめとする奇妙な人種たちが繰り広げる独創的な論理パズルの本を何冊も書いている．また，奇術，ピアノ演奏，チェス・プロブレム創作といった多彩な才能ももち，さらには『タオは笑っている』（桜内篤子訳，工作舎，2016）や『哲学ファンタジー』（高橋昌一郎訳，筑摩書房，2013）などの軽妙な語り口の哲学的エッセイを執筆するなど並外れた文才もある．本書は，そのスマリヤンが創作したチェス・プロブレムを彼自身が物語仕立てにした『シャーロック・ホームズのチェスミステリー』に続く第2作である．

チェス・プロブレムは日本ではまだまだ馴染みが薄いが，詰将棋のように指定された手数で詰める問題以外にもさまざまな種類がある．本書に掲載された問題の大部分は，現在の局面を分析し設問に答える（クラシカル・）レトロと呼ばれるジャンルに属する．また，付録Iの問題はダイレクトメイト（指定された手数でメイトにする）やセルフメイト（指定された手数で黒にメイトさせる）である．このほかに，エンドゲーム・スタディ（ゲームの終盤で白の勝ちまたは引き分けにする），ヘルプメイト（白は，黒に協力してもらいながら指定された手数でメイトにする)，フェアリー（特殊な問題設定・条件・盤・駒）などのジャンルがある．このようなチェス・プロブレムは海外でも専門誌や少部数の私家版として発表されることが多く，愛好家以外の目に触れることは少ない．その中で，スマリヤンの2冊のチェス・プロブレム本が広く一般向けの書籍として発刊されることになったのは，物語を楽しみながらチェス・プロブレムを解きすすめられるという，ほかに類をみない構成であったことが一因であろう．そして，チェス・プロブレムでも物語でもこれほどまでに楽しませてくれるスマリヤンの才能は見事というほかない．

本書とその前作である『シャーロック・ホームズのチェスミステリー』がいかにして世に出るようになったのかについては，著者のあとがきに述べられている（さらに詳しい経緯は，スマリヤンの自叙伝である『天才スマリヤンのパラドックス人生』（高橋昌一郎訳，講談社，2004）にある）が，『シャーロック・ホームズのチェスミステリー』の邦訳は，野崎昭弘氏の翻訳で毎日コミュニケーションズから1998年に発刊された．当時は『アラビアン・ナイトのチェスミステリー』の邦訳も企画にあったとのことだが，諸般の事情により結局発刊されなかった．これまでにも，SNSやブログでときおり邦訳について気にされている方の声を見聞きしていたので，本邦訳の発刊を心待ちにされていたチェス・プロブレム愛好家やスマリヤン・ファンの方もかなり多いのではないかと思う．そして，ついに本邦訳をお届けできることになり，その発刊に携われたことは望外の幸せである．ただ残念なことに，現在は『シャーロック・ホームズのチェスミステリー』の邦訳は入手が困難であり，何らかの形での再刊が望まれる．

本書の翻訳に際して，チェスの用語などについては前掲の『シャーロック・ホームズのチェスミステリー』や『チェス・プロブレム入門』（日本チェス・プロブレム協会編，2019）を参考にさせていただいた．

また，チェス・プロブレム作家でもあり，専門誌『プロブレム・パラダイス』を発行されている若島正氏には，『シャーロック・ホームズのチェスミステリー』邦訳発刊当時の事情も含めていろいろとご教示いただいた．そして日本語版の編集では，共立出版の大谷早紀氏に大変お世話になった．これらの方々に感謝の意を表したい．

本書でスマリヤンの語り口を楽しんでもらえたのであれば，彼の論理パズルや哲学的エッセイも同じように楽しく読んでいただけるはずである．また，本書をきっかけに，さまざまなチェス・プロブレムに挑戦してみたいと思っていただければ幸いである．

2019年夏　訳者

訳者紹介

川辺治之（かわべ はるゆき）

1985年　東京大学理学部卒業
現　在　日本ユニシス（株）総合技術研究所　上席研究員
主　著　『COMMON LISP 第2版』（共立出版，共訳）
『スマリヤン先生のブール代数入門—嘘つきパズル・パラドックス・論理の花咲く庭園』（共立出版，翻訳）
『Common Lisp オブジェクトシステム—CLOSとその周辺』（共立出版，共著）
『群論の味わい—置換群で解き明かすルービックキューブと15パズル』（共立出版，翻訳）
『スマリヤン 記号論理学——般化と記号化』（丸善出版，翻訳）
『この本の名は？—嘘つきと正直者をめぐる不思議な論理パズル』（日本評論社，翻訳）
『スマリヤンのゲーデル・パズル—論理パズルから不完全性定理へ』（日本評論社，翻訳）
『ひとけたの数に魅せられて』（岩波書店，翻訳）
『100人の囚人と1個の電球—知識と推論にまつわる論理パズル』（日本評論社，翻訳）
『スマリヤン 数理論理学講義　上巻・下巻』（日本評論社，翻訳）
『発想・根気・思考力で挑む　ディック・ヘスの圧倒的パズルワールド』（共立出版，翻訳）
『シングマスター教授の千思万考パズルワールド』（共立出版，翻訳）ほか翻訳書多数

アラビアン・ナイトの
チェスミステリー
スマリヤンの逆向き解析問題集

原題：*The Chess Mysteries of the Arabian Knights: 50 New Problems of Chess Detection*

2019年10月25日　初版1刷発行

訳　者　川辺治之　© 2019

原著者　Raymond Smullyan
（レイモンド・スマリヤン）

発行者　南條光章

発行所　**共立出版株式会社**
東京都文京区小日向 4-6-19
電話　03-3947-2511（代表）
〒 112-0006／振替口座 00110-2-57035
www.kyoritsu-pub.co.jp

印　刷　啓文堂

製　本　加藤製本

検印廃止
NDC 410.79, 798.3
ISBN 978-4-320-11385-5

一般社団法人
自然科学書協会
会員

Printed in Japan

■ 川辺治之 訳書 ■

シングマスター教授の 千思万考パズルワールド

David Singmaster著／川辺治之訳

シングマスター教授によるパズルマニアのためのパズル傑作選！オリジナル問題や古典的問題の改作・一般化などさまざまなパズルを多数収録。論理的推論で解を導き，より正確な答えを探る。

【四六判・342頁・並製・定価(本体2,600円＋税) ISBN978-4-320-11378-7】

発想・根気・思考力で挑む ディック・ヘスの圧倒的パズルワールド

Dick Hess著／川辺治之訳

ちょっと考えれば解ける問題や，ひっかけ問題から計算機が必要な難しい問題まで，さまざまなパズルが満載の一冊。発想・根気・思考力をフルに使って圧倒的な数の小問に挑んでほしい。

【四六判・214頁・並製・定価(本体2,200円＋税) ISBN978-4-320-11347-3】

数学探検コレクション 迷路の中のウシ

Ian Stewart著／川辺治之訳

著者は英国ワーウィック大学の数学教授で，サイエンティフィック・アメリカン誌に連載の『数学探検』を一冊にまとめた選集。パズル，ゲームや日常生活でみかけるテーマから空想科学小説に至るまで，それらの背後にある数学理論をわかりやすく紹介。

【A5判・276頁・並製・定価(本体2,700円＋税) ISBN978-4-320-11101-1】

組合せゲーム理論入門 ―勝利の方程式―

M.H.Albert・R.J.Nowakowski・D.Wolfe著／川辺治之訳

組合せゲームとは，三目並べやチェスなど，偶然に左右される要素を含まず，二人の競技者にはゲームに関する必要な情報がすべて与えられているようなゲームのこと。本書はこの組合せゲームおよびそれらを解析するための数学的技法についての入門書。

【A5判・368頁・並製・定価(本体3,800円＋税) ISBN978-4-320-01975-1】

(価格は変更される場合がございます)　**共立出版**　https://www.kyoritsu-pub.co.jp/